福建省平潭及闽江口水资源配置(一闸三线)工程现场安全文明设施标准化手册

黄智刚　主编

黄河水利出版社
·郑州·

内 容 提 要

本书以现行相关法律、法规、技术标准等为蓝本，结合工程施工工艺和现场特点，提出了文明施工、安全施工、环境保护、临时设施等方面的设置标准和图集，以及相应的管理要求。

本书为工程施工现场开展安全文明施工的指导手册，可供相关技术人员、管理人员阅读参考。

图书在版编目（CIP）数据

福建省平潭及闽江口水资源配置（一闸三线）工程现场安全文明设施标准化手册/黄智刚主编．—郑州：黄河水利出版社，2018．11

ISBN 978－7－5509－1724－8

Ⅰ．①福…　Ⅱ．①黄…　Ⅲ．①水资源管理－水利工程－工程施工－标准化－福建－手册　Ⅳ．①TV213．4－65

中国版本图书馆 CIP 数据核字（2018）第 265483 号

出 版 社：黄河水利出版社　　网址：www.yrcp.com

地址：河南省郑州市顺河路黄委会综合楼 14 层　　邮政编码：450003

发行单位：黄河水利出版社

发行部电话：0371－66026940、66020550、66028024、66022620（传真）

E-mail：hhslcbs@126.com

承印单位：虎彩印艺股份有限公司

开本：787 mm×1 092 mm　1/16

印张：11.5

字数：266 千字

版次：2018 年 11 月第 1 版　　印次：2018 年 11 月第 1 次印刷

定价：59.00 元

作 者 简 介

黄智刚

男，1977 年生，福建周宁县人，水利工程硕士，高级工程师，从事水利工程项目稽察、建设管理和科研工作，现任国家 172 项重大水利工程之一的福建省平潭及闽江口水资源配置工程总工程师。

《福建省平潭及闽江口水资源配置（一闸三线）工程现场安全文明设施标准化手册》编制委员会

主　　编　黄智刚

副 主 编　袁宝招

编写人员　张林报　许东雪　赵战祥　袁景梅　张秋岩
季　伟　戴　毓　卓国睿　陈林健　刘　振
吕　会　王祥承　郑晓宁　林　峰　吴厚慧
池大锋　赵茂泽

编制单位　福州水务平潭引水开发有限公司
京水江河（北京）工程咨询有限公司

前 言

福建省平潭及闽江口水资源配置(一闸三线)工程是2015年列入国务院部署加快推进的172项节水供水重大水利工程之一,是上级部门深刻认识地区水情做出的重要战略部署,是保障区域经济可持续发展的重大基础设施项目。打造“精品”“优质”双重特性的一流工程,大大提升城市水务保障能力,是福州水务平潭引水开发有限公司的奋斗目标,是各参建单位义不容辞的责任。

安全是社会文明和进步的重要标志,安全文明生产是创建“精品”“优质”工程的保障和重要基础,标准化文明施工是衡量一个工程项目管理水平高低的重要依据。为提升公司品牌形象,开展水利部倡导的文明工地创建活动,组织编制了本书,以提高施工现场安全生产管理水平和文明施工水平,营造良好的施工环境,保障作业人员和设备财产安全。

本书以现行相关法律、法规、技术标准等为蓝本,结合工程施工工艺和现场特点,提出了文明施工、安全施工、环境保护、临时设施等方面的设置标准和图集,以及相应管理要求。本书为工程施工现场开展安全文明施工的指导手册 ,可供相关技术人员和管理人员阅读参考。

编 者

2018 年 1 月

目　录

第1章 总 则

1 编写目的

本书编写目的是为福建省平潭及闽江口水资源配置（一闸三线）工程（简称为“一闸三线”工程）各施工承包商的现场施工规范化、标准化管理提供指导，为福州水务平潭引水开发有限公司安全管理提供依据，并为今后投资建设项目的安全文明施工管理积累经验。

2 使用范围

本书适用于福州水务平潭引水开发有限公司承担的“一闸三线”工程施工阶段现场安全文明管理。

3 导引理念

（1）关爱生命、关注安全；以人为本、安全生产。

（2）以“安全第一、预防为主、综合治理”为方针，以规范化、标准化、科学化、信息化为管理手段，创建安全文明施工环境。

（3）重视水土保持和环境污染问题，提倡绿色施工，在满足安全文明施工设置标准和要求的同时，尽可能实现节能、节地、节水、节材和环境保护目标，为施工所在地的社会环境增添亮色。

第2章 通用安全设施

1　安全色

安全色是指传递安全信息含义的颜色，包括红色、黄色、蓝色、绿色四种颜色。安全色的含义见表 2-1。

表 2-1　安全色的含义

序号	颜色	含义	图例	
1	红色	传递禁止、停止、危险或提示消防设备、设施的信息		红 red C0 M100 Y100 K0
2	黄色	传递注意、警告的信息		黄 yellow C0 M0 Y100 K0
3	蓝色	传递必须遵守规定的指令性信息		蓝 blue C100 M0 Y0 K0
4	绿色	传递安全的提示性信息		绿 green C100 M0 Y100 K0

对比色是指使安全色更加醒目的反衬色，包括黑色、白色两种：

(1)黑色用于安全标志的文字、图形符号和警告标志的几何边框。

(2)白色用于安全标志红色、蓝色、绿色的背景色，也可用于安全标志的文字和图形符号。

安全色与对比色同时使用时，应按表 2-2 的规定搭配使用。

表 2-2　安全色和对比色的搭配

安全色	对比色
红色	白色
蓝色	白色
黄色	黑色
绿色	白色

安全色与对比色相间条纹使用说明(见表 2-3)如下：

(1)红色与白色的相间条纹表示禁止或提示消防设备、设施位置的安全标记。

(2)黄色与黑色的相间条纹表示危险位置的安全标记。

(3)蓝色与白色的相间条纹表示指令的安全标记，传递必须遵守规定的信息。

(4)绿色与白色的相间条纹表示安全环境的安全标记。

表 2-3 安全色与对比色相间条纹使用说明

序号	相间条纹	使用说明	图例
1	红白相间	表示禁止或提示消防设备、设施位置的安全标记	
2	黄黑相间	表示危险位置的安全标记	
3	蓝白相间	表示指令的安全标记,传递必须遵守规定的信息	
4	绿白相间	表示安全环境的安全标记	

2 安全标志、标志牌

2.1 安全标志设置与管理要求

(1)应设置在明亮的环境中、与安全有关的醒目位置,并使大家看见后,有足够的时间注意它所表示的内容。

(2)周围环境有某种不安全因素而需要用安全标志加以提示时,应设置有关标志。标志设置后,不应有造成人体任何伤害的潜在危险或妨碍工作的情况。

(3)标志牌的平面与视线夹角应接近 90°,观察者位于最大观察距离时,最小夹角不小于 75°。

(4)不应设在门、窗、架等可移动的物体上,以免标志牌随母体移动,影响认读。标志牌前不得放置妨碍认读的障碍物。

(5)多个标志牌一起设置时,应按警告、禁止、指令、提示类型的顺序,先左后右、先上后下地排列。

(6)根据观察距离的远近,选取适当型号(尺寸)的安全标志牌。

(7)安全标志牌至少每半年检查一次,当发现有破损、变形、褪色等不符合要求的情况时,应及时修整或更换。

2.2 安全标志规范

安全标志分禁止标志、警告标志、指令标志、提示标志四大类型。

2.2.1 禁止标志

(1)禁止标志适用于有危险的场所,禁止人们做出某种动作或不安全的行为。

(2)禁止标志的基本形式是长方形衬底牌,上方是禁止标志,下方是文字辅助标志。长方形衬底色为白色,圆形和斜杠为红色,禁止标志符号为黑色,文字辅助标志为红底白字。禁止标志示意图见图 2-1,其中斜杠角度 $\alpha = 45°$。

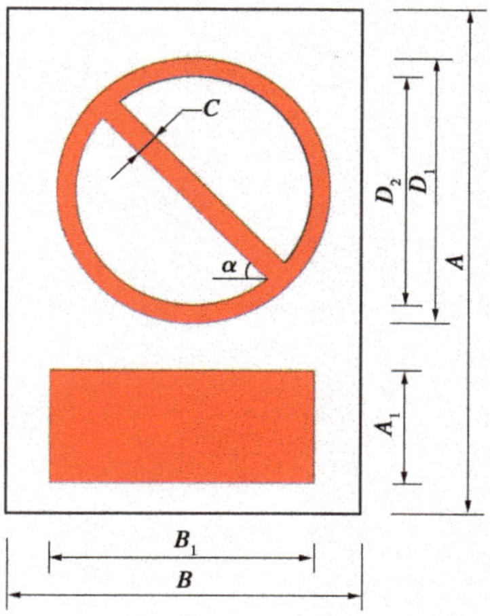

图 2-1 禁止标志示意图

(3)禁止标志牌的尺寸设置见表 2-4。局部信息标志牌设 1 型、2 型或 3 型,车间内设 4 型或 5 型,车间入口处、厂区内和工地内设 5 型或 6 型;工地等的入口处设 6 型或 7 型。

(4)禁止标志牌实例与设置范围和地点见表 2-5。

表 2-4 禁止标志牌的尺寸设置 (单位:mm)

型号	观察距离	A	B	A_1	$D_1(B_1)$	D_2	C
1	$0 < L \leqslant 2\ 500$	120	100	28	73	$0.8D_1$	$0.08D_1$
2	$2\ 500 < L \leqslant 4\ 000$	180	150	41	110	$0.8D_1$	$0.08D_1$
3	$4\ 000 < L \leqslant 6\ 300$	290	240	67	177	$0.8D_1$	$0.08D_1$
4	$6\ 300 < L \leqslant 10\ 000$	460	370	106	281	$0.8D_1$	$0.08D_1$
5	$10\ 000 < L \leqslant 16\ 000$	740	600	170	451	$0.8D_1$	$0.08D_1$
6	$16\ 000 < L \leqslant 25\ 000$	1 150	920	265	702	$0.8D_1$	$0.08D_1$
7	$25\ 000 < L \leqslant 40\ 000$	1 820	1 460	419	1 110	$0.8D_1$	$0.08D_1$

表 2-5 禁止标志牌实例与设置范围和地点

标志	名称	设置范围和地点
	禁止吸烟	施工现场入口、办公区、宿舍区; 仓库内外、木材加工场、木材及易燃物品堆放的醒目处

续表 2-5

标志	名称	设置范围和地点
	禁止烟火	变电站、配电室; 油库、火工品仓库、木材加工场、物资仓库; 计算机房、档案室等
	禁止带火种	油库、火工品仓库等易燃易爆场所; 液氨制冷车间、液氨储罐处
	禁止用水灭火	发电机房、变电配电室内外、大型电器设备旁醒目处
	禁止放易燃物	变压器、配电室及油库、火工品仓库等易燃易爆物品仓库入口处; 液氨制冷车间、液氨储罐处
	禁止堆放	消防器材存放处、消防通道及主要通道等
	禁止启动	各种施工设备维修时、下班后在启动处悬挂

续表 2-5

标志	名称	设置范围和地点
	禁止合闸	设备或线路检修时，相应开关附近
	禁止转动	各种施工设备检修或专人定时操作的设备旁醒目处
	禁止触摸	禁止触摸的设备或物体附近
	禁止跨越	深坑等危险场所
	禁止攀登	变电站配电装置构架的爬梯上
	禁止跳下	深沟、深池、深坑等不允许跳下的危险地点旁醒目处

续表 2-5

标志	名称	设置范围和地点
	禁止停留	脚手架下方、砂石料输送带下方等处
	禁止通行	起重、爆破和拆除现场,以及封闭施工点等有危险的作业区旁醒目处
	禁止靠近	变电站的主变压器周围
	禁止入内	变电站、油库、火工品仓库、液氨制冷车间等入口醒目位置
	禁止翻越	防护栏杆、防护遮拦、防护门等禁止翻越的安全设施上
	禁止酒后上岗	宿舍、生产区入口处

续表 2-5

标志	名称	设置范围和地点
	禁止乘人	龙门架、物料提升机进出料口上方醒目处
	禁止抛物	高空作业施工现场
	禁止戴手套	操作机械加工设备附近戴手套易造成伤害的作业地点醒目处
	禁止穿化纤服装	动火区及有易燃易爆物质的场所等有静电火花会导致灾害的作业场所
	禁止穿带钉鞋	有静电火花会导致灾害或有触电危害的作业场所，如油库、火工品仓库等入口处
	禁止使用无线通信	油库、火工品仓库入口处

2.2.2　警告标志

(1)警告标志适用于有危险的场所，提醒人们注意周围环境，以避免可能出现的危害。

(2)警告标志牌的基本形式是长方形衬底牌,上方是三角形警告标志,下方是文字辅助标志。长方形衬底为白色,正三角形及标志符号为黑色,衬底为黄色;文字辅助标志为白底黑框黑字。警告标志示意图见图2-2。

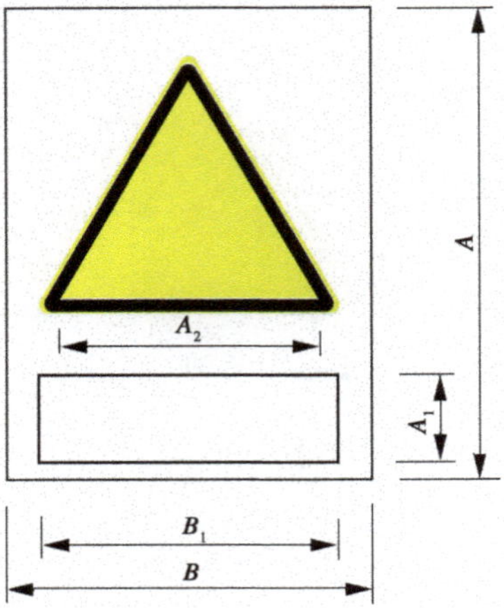

图2-2 警告标志示意图

(3)警告标志牌的尺寸设置见表2-6。局部信息标志牌设1型、2型或3型,车间内设4型或5型,车间入口处、厂区内和工地内设5型或6型;工地等的入口处设6型或7型。

(4)警告标志牌示例与设置范围和地点见表2-7。

表2-6 警告标志牌的尺寸设置 (单位:mm)

型号	观察距离	A	B	B_1	A_1	A_2
1	$0 < L \leqslant 2\ 500$	120	100	73	28	$0.7B_1$
2	$2\ 500 < L \leqslant 4\ 000$	180	150	110	41	$0.7B_1$
3	$4\ 000 < L \leqslant 6\ 300$	290	240	177	67	$0.7B_1$
4	$6\ 300 < L \leqslant 10\ 000$	460	370	281	106	$0.7B_1$
5	$10\ 000 < L \leqslant 16\ 000$	740	600	451	170	$0.7B_1$
6	$16\ 000 < L \leqslant 25\ 000$	1 150	920	702	265	$0.7B_1$
7	$25\ 000 < L \leqslant 40\ 000$	1 820	1 460	1 110	419	$0.7B_1$

表2-7 警告标志牌示例与设置范围和地点

标志	名称	设置范围和地点
	注意安全	施工现场、危险区域等易造成人员伤害部位的入口处

续表 2-7

标志	名称	设置范围和地点
	当心火灾	易燃、可燃性物质的生产、储运、使用等易发生火灾的危险场所醒目处
	当心爆炸	易发生爆炸危险的场所
	当心触电	施工现场可能发生触电危险的电器设备上，如临时电源配电箱等
	当心电缆	暴露的电缆或地面下有电缆处施工的地点醒目位置
	当心机械伤人	电锯、电刨、钢筋弯曲机、搅拌机、卷扬机、切割机等操作现场醒目处
	当心伤手	电锯、电刨、钢筋弯曲机、搅拌机、卷扬机、切割机等操作现场醒目处
	当心扎脚	模板安装、拆除、堆放现场，钢筋加工堆放现场醒目位置

续表 2-7

标志	名称	设置范围和地点
	当心吊物	塔吊、井字架摇摆臂扒杆起吊物品操作范围边缘警戒线处
	当心坠落	“四口”“五临边”、龙门架、物料提升机、楼层卸料平台处等
	当心落物	建筑物底层周边醒目处、脚手架内外侧
	当心坑洞	拦护的基坑周边或预留洞口边醒目处
	当心弧光	电焊操作现场醒目处
	当心塌方	有塌方危险的地段、地区,如土方开挖现场危险边坡处
	当心冒顶	具有冒顶危险的作业场所,如隧道等

续表 2-7

标志	名称	设置范围和地点
	当心车辆	现场汽车出入大门处及现场主要交叉口
	当心滑跌	脚手架斜坡道、现场斜坡道、高空作业处等醒目位置
	当心绊倒	脚手架斜坡道、现场斜坡道、高空作业处等醒目位置
	当心中毒	剧毒品及有毒物质的储运及使用场所

2.2.3　指令标志

(1)指令标志适用于需强制人们做出某种动作或采取防范措施的场所。

(2)指令标志牌的基本形式是长方形衬底牌。上方是圆形的指令标志,下方是矩形文字辅助标志。长方形衬底为白色,圆形衬底为蓝色,标志符号为白色。文字辅助标志为蓝底白字。指令标志牌示意图见图 2-3。

(3)指令标志牌的尺寸设置见表 2-8。局部信息标志牌设 1 型、2 型或 3 型,车间内设 4 型或 5 型,车间入口处、厂区内和工地内设 5 型或 6 型,工地等的入口处设 6 型或 7 型。指令标志牌实例与设置范围和地点见表 2-9。

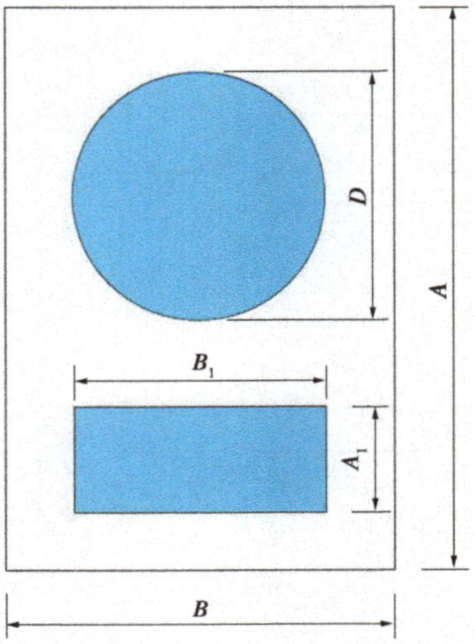

图 2-3　指令标志牌示意图

表 2-8　指令标志牌的尺寸设置　　　(单位:mm)

型号	观察距离	A	B	A_1	$D(B_1)$
1	$0<L\leqslant 2\,500$	120	100	28	73
2	$2\,500<L\leqslant 4\,000$	180	150	41	110
3	$4\,000<L\leqslant 6\,300$	290	240	67	177
4	$6\,300<L\leqslant 10\,000$	460	370	106	281
5	$10\,000<L\leqslant 16\,000$	740	600	170	451
6	$16\,000<L\leqslant 25\,000$	1 150	920	265	702
7	$25\,000<L\leqslant 40\,000$	1 820	1 460	419	1 110

表 2-9　指令标志牌实例与设置范围和地点

标志	名称	设置范围和地点
	必须戴安全帽	施工场所主要通道入口处
	必须系安全带	高处作业场所
	必须戴防尘口罩	凿岩、水泥装卸和拆包等有粉尘的生产现场
	必须戴护耳器	空压机等噪声区域的入口
	必须戴防护眼镜	焊接和金属切割工作场所

续表 2-9

标志	名称	设置范围和地点
	必须戴防护手套	电焊、混凝土施工、水磨石施工、电动打夯等场所
	必须穿防护鞋	灼烫、触电、砸（刺）伤等危险的作业地点
	必须戴防毒面具	具有对人体有害的气体、气溶胶、烟尘等作业场所
	必须加锁	剧毒品、危险品库房等地点
	必须穿救生衣	水上作业、临水场所
	必须注意通风	隧洞入口及其他密闭工作场所入口处
	触摸释放静电	油库、火工品仓库等入口处的静电释放铜板附近

2.2.4 提示标志

(1)提示标志适用于提示人们某些信息的场所。

(2)简单提示标志牌的基本形式是绿色正方形,衬底为绿色,图形符号为白色,文字为黑色。简单提示标志示意图见图2-4。提示标志牌制图参数说明见表2-10。

(3)加方向辅助标志的提示标志的基本形式为绿色长方形,衬底为绿色,图形符号和文字为白色。加方向辅助标志牌示意图见图2-5。加方向辅助标志牌参数说明见表2-11。

(4)提示标志牌实例与设置范围和地点见表2-12。

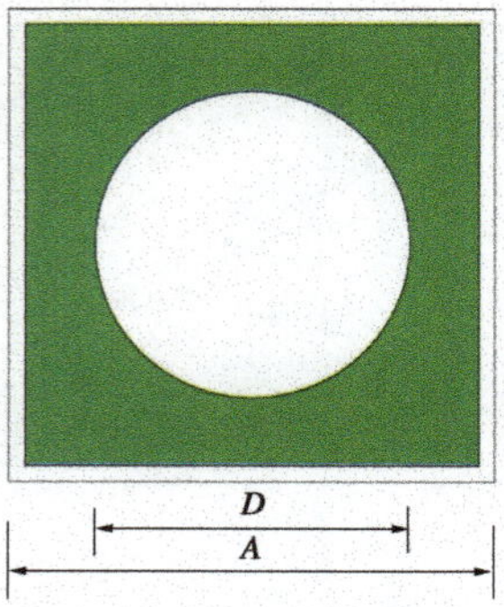

图2-4 简单提示标志示意图

表2-10 提示标志牌制图参数说明 (单位:mm)

型号	观察距离	A	D
1	$0 < L \leqslant 2\,500$	70	56
2	$2\,500 < L \leqslant 4\,000$	100	80
3	$4\,000 < L \leqslant 6\,300$	160	128
4	$6\,300 < L \leqslant 10\,000$	250	200
5	$10\,000 < L \leqslant 16\,000$	400	320
6	$16\,000 < L \leqslant 25\,000$	630	504
7	$25\,000 < L \leqslant 40\,000$	1 000	800

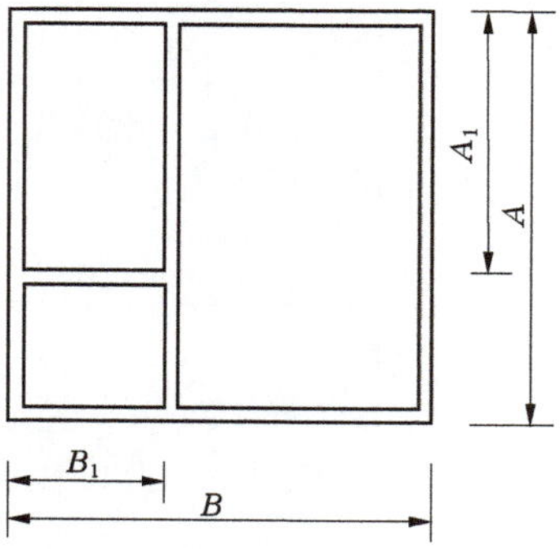

图2-5 加方向辅助标志牌示意图

表2-11 加方向辅助标志牌参数说明 (单位:mm)

序号	B	A	B_1	A_1
1	500	400	200	250
2	350	300	140	150

表 2-12　提示标志牌实例与设置范围和地点

标志	名称	设置范围和地点
	从此上下	上下安全通道口
	在此工作	设备检修处
	从此进出	安全通道口
	急救药箱	现场使用的急救药箱上
	从此跨越	作业现场的跨桥等通道栏杆上
	紧急出口	通向紧急出口的通道、楼梯口等处
	安全出口	安全出口通道、楼梯口等处

续表 2-12

标志	名称	设置范围和地点
	安全楼梯	安全楼梯通道处
	避险处	隧道内躲避危险的地点

2.3 安全警示线

2.3.1 禁止阻塞线

禁止阻塞线应标注在地下设施入口盖板上、灭火器存放处、通道旁边的配电箱前 0.8 m 等区域。黄色条纹宽 100 mm，间隔 100 mm，条纹向左下倾斜 45°（见图 2-6）。

图 2-6 禁止阻塞线示例

2.3.2 安全警戒线

（1）安全警戒线是界定和分隔危险区域的标识线，以提供人们需要注意的某些信息。

（2）在汽轮机组、给水泵等主、辅设备周围或其他可能造成人员伤害、可能误碰设备威胁安全运行的区域，需制作安全警戒线（见图 2-7、图 2-8）。

（3）安全警戒线为黄色，线宽 100 mm。

2.3.3 防止碰头线

防止碰头线应标注在人行通道高度不足 1.8 m 的障碍物上（见图 2-9、图 2-10）。线为黄黑相间斜线，间隔 100 mm。

图 2-7　安全警戒线示例 1

图 2-8　安全警戒线示例 2

图 2-9　防止碰头线示例 1

图 2-10　防止碰头线示例 2

2.3.4　防止踏空线

防止踏空线标注在楼梯第一台阶上及人行道高差 300 mm 以上的边缘处(见图 2-11)。应采用黄色、黑色油漆涂到第一级台阶地面边缘处,$C = 150$ mm,条长与楼道、通道一致。

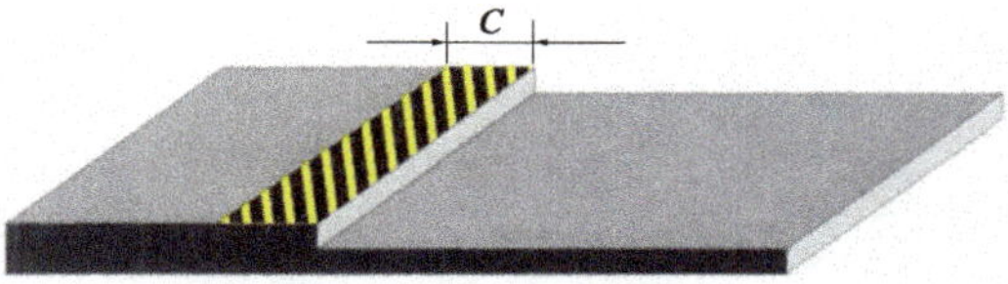

图 2-11　防止踏空线示意图

2.3.5　防止绊跤线

防止绊跤线应标注在人行通道地面上高差 300 mm 以上的管线或其他障碍物上(见图 2-12)。线为黄黑相间斜线,间隔 100 mm。

图 2-12　防止绊跤线示意图

2.3.6 接地装置警示线

接地装置警示线用于提醒人员电气设备接地装置,防止触碰(见图 2-13)。接地装置警示线为等宽的绿色和黄色相间的条纹,色条的宽度为 15 ~ 100 mm。

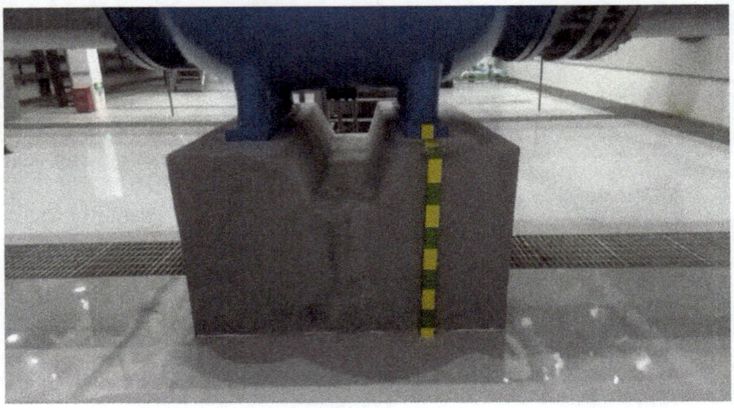

图 2-13 接地装置警示线

2.4 应急救援标志

2.4.1 安全出口标志

安全出口标志设置在安全出口门的上部,标志牌的上边缘距天花板不应小于 500 mm。如果天花板的高度较小,可以设置在门框边缘,标志牌的下边缘距地面的高度不应小于 2 000 mm。

安全出口标志规格为 530 mm × 270 mm,见图 2-14。安全出口标志样式见图 2-15。

图 2-14 安全出口标志

2.4.2 紧急出口标志

紧急出口标志应设置在通道两侧及拐弯处的墙面上,以及用于事故情况下安全紧急撤离的通道(见图 2-16)。标志牌的上边缘距地面大于 1 m。

2.4.3 逃生路线标志

逃生路线标志一般用于防洪度汛等重点部位、危险部位,或用于指向紧急避险点(见图 2-17、图 2-18)。样式为双立杆立地式,规格为 1 000 mm × 600 mm,立杆高 1.5 m。

2.4.4 急救药箱标志

急救药箱标志为正方形,底色为绿色,图案为白色,尺寸为 150 mm × 150 mm,见图 2-19。

图 2-15　安全出口标志样式

图 2-16　紧急出口标志样式

图 2-17　逃生路线标志示意图

图 2-18　应急避难场所标志示意图

2.4.5　紧急救援担架标志

紧急救援担架标志应设置在放置急救担架上方的适当位置，下边缘距地面 1.5 m 左右。标志为正方形，绿底白面图形，尺寸为 200 mm × 200 mm，文字标志为矩形，绿底白字，黑体字，尺寸为 200 mm ×70 mm，见图 2-20。

图 2-19　急救药箱标志示意图

图 2-20　紧急救援担架标志示意图

2.4.6 紧急救援电话标志

紧急救援电话标志为正方形,底色为绿色,图案为白色(见图2-21),尺寸为300 mm×300 mm。

图2-21 紧急救援电话标志示意图

2.4.7 紧急疏散图标志

在施工现场较大、较复杂的场所应配置紧急疏散图,标识紧急情况下(火灾、气体泄漏)的逃生路线。

紧急疏散图标志的图形为场地平面图的缩小图,即长宽比保持不变,设置于室内时长度不得小于1.2 m,设置于室外时长度不得小于2 m。紧急疏散图应设置于清晰可见处。

2.4.8 应急照明灯

应急照明灯设置在办公楼、宿舍等公共建筑的封闭楼梯间、防烟楼梯间及其前室、避难层等(见图2-22)。

2.4.9 紧急停止开关标志

在设备紧急停止开关、按钮、拉线等急停装置处,应设置紧急停止开关标志(见图2-23)。标志基本尺寸为200 mm×250 mm,可根据粘贴处大小进行同比例放大或缩小。

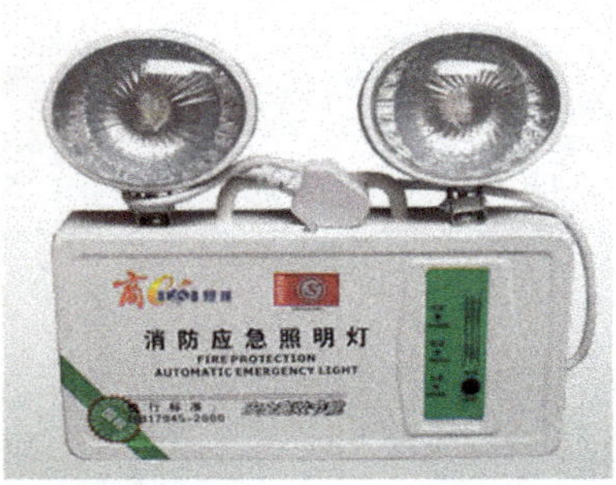

图2-22 应急照明灯

图2-23 紧急停止开关标志示意图

2.5 交通标志

(1)道路交通标志分为三类:交通禁令标志、交通警告标志、交通提示标志,分别用红色、黄色、蓝色表示。

(2)道路交通标志牌应设置于视线良好的位置,标志板面采用铝板反光膜,安装立杆应刷防锈漆。

(3)标志牌下边缘离地高度一般为1.5~2.5 m。

(4)设置在行人、非机动车辆的路侧时,设置高度应大于1.8 m。

道路交通标志牌实例与配置说明见表 2-13。

表 2-13　道路交通标志牌实例与配置说明

标志	名称	配置说明
	限速	配置在需要限制车辆速度的路段起点，限速 10 km/h，限速值根据要求确定
	限高	配置在最大容许高度受限制路段的地方和进入最大容许高度受限制路段的路口适当位置
	限宽	最大容许宽度受限制路段的地方和进入最大容许宽度受限制路段的路口适当位置
	停车检查	配置在机动车辆停车接受检查的地点，如交通闸门处
	禁止驶入	配置在禁止驶入的路段入口明显处，如防汛公路入口
	禁止车辆临时或长时间停放	配置在路段流量较大的公共服务设施附近，停车易引起交通拥阻或交通事故的道路等处
	交叉路口	配置在各种相应的岔道路口处

续表 2-13

标志	名称	配置说明
	连续弯路	配置在设计车速小于 60 km/h,连续有三个或三个以上反向平曲线路段
	急弯路	向左或向右急转弯标志。用以警告车辆驾驶人减速慢行。配置在计算行车速度小于 60 km/h,平曲线半径小于或等于道路技术标准规定的一般最小半径,以及停车视距小于规定的视距所要求的曲线起点的外面,但不得进入相邻的圆曲线内
	连续上、下坡	用以提醒车辆驾驶人小心驾驶。分别配置在坡度大于 7% 的纵坡坡脚和坡顶以前适当位置。路面纵坡小于 7%,但由于不利地形或连续的上、下坡可能危及行车安全的地方也可配置
	注意落石	配置在易于发生塌方或落石危及行车安全的地方
	慢行	配置在前方道路发生特殊情况,影响行车安全的路段以前适当位置
	前方施工	配置在施工现场前方一定距离处
	注意危险	配置在以上标志不能包括的其他危险路段以前适当位置,标志一般不能单独使用,其下应设辅助标志,说明危险原因
	直行	配置在应直行的路口以前适当位置

续表 2-13

标志	名称	配置说明
	转弯	配置在车辆向左、向右转弯的路口以前适当位置
	线形诱导标志	用于引导车辆驾驶人改变行驶方向，促使安全运行，视需要设于易肇事的弯道路段；一般在使用中都是组合使用，如果是引导某个地点，可以在下边增加文字说明

2.6　消防安全标志

消防设备设施主要包括灭火器、消火栓、消防沙池、消防铲、消防桶等。

消防安全标志由几何形状、安全色、标志特定消防安全信息的图形组合构成。

2.6.1　灭火器及标志

（1）手提式灭火器应配置在灭火器箱（见图 2-24）中，灭火器箱顶部设置操作说明，说明适用的火灾范围和使用方法、步骤；灭火器悬挂检查记录。

（2）推车式灭火器应定点存放，悬挂检查记录。

（3）灭火器指示标志由灭火器标志、方向辅助标志、文字辅助标志组合而成（见图 2-25），标志牌尺寸为 350 mm×180 mm，配置在灭火器附近，指示灭火器的位置。

图 2-24　灭火器箱

图 2-25　灭火器指示标志

2.6.2　消火栓及标志

室内消火栓应设置消火栓箱。消火栓箱标志涂刷在消火栓箱门上，标注消火栓、火警电话等字样。

室外消火栓指示标志由消火栓标志、方向辅助标志、文字辅助标志组合而成（见图 2-26），标志牌尺寸为 350 mm×180 mm，配置在消火栓附近，指示消火栓的位置。

图 2-26　室外消火栓指示标志

2.6.3　消防沙池、消防铲、消防桶

消防沙池上方应设置防雨棚。

消防铲、消防桶要有专门架子摆放,全部刷为红色,在适当位置涂写白色“消防器材、禁止挪用”字样,消防桶的桶身要有白色“消防”字样(见图 2-27)。

图 2-27　消防沙池、消防铲、消防桶

2.6.4　防火重点部位标志

在变电站、中控室、物资仓库、油库、火工品仓库等防火重点部位应设置防火重点部位标志牌(见图 2-28),对防火重点部位名称、责任部门和责任人进行明确。

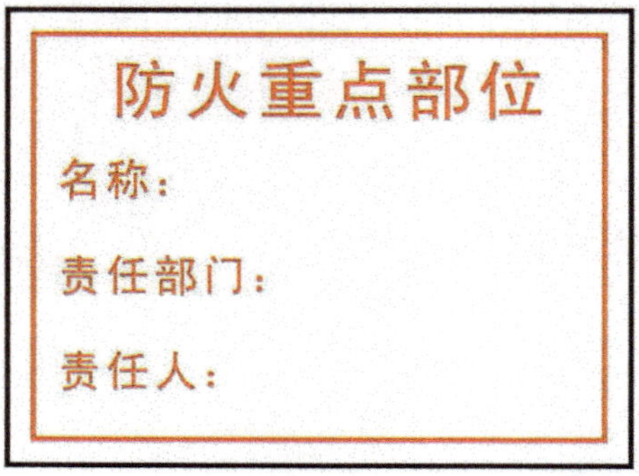

图 2-28　防火重点部位标志牌

在变电站、油库、火工品仓库等入口,设置在入口围墙上时,尺寸为 600 mm × 400 mm;在中控室、物资仓库门前,设置在入口一侧墙壁上时,尺寸为 300 mm × 200 mm。

2.7　定制安全标识牌

2.7.1　机械设备标识牌

（1）设置在操作室内（如履带式吊车）、上下通道口（如塔吊）或机械的明显部位。

（2）机械设备标识牌应标明设备名称、规格型号、设备编号、责任人、联系电话、设备状况等信息（见图 2-29）。

施工单位名称、标志

机械设备标识牌

设备名称	
规格型号	
设备编号	
责任人	
联系电话	
设备状况	○完好　○待修　○在修

图 2-29　机械设备标识牌

（3）机械设备标识牌尺寸一般为 600 mm × 400 mm，材质为铝塑板或镀锌板。

2.7.2　材料标识牌

（1）材料标识牌主要设置在钢筋、模板、型材、管材等材料堆放处。

（2）材料标识牌应标明规格型号、验收状况、验收人等基本信息（见图 2-30）。

施工单位名称、标志

材 料 标 识 牌

材料名称		生产厂家	
规格型号		验收状况	
验 收 人		验收日期	
数　　量		负 责 人	

施工单位名称、标志

________________堆放区

规格型号：

数　　量：

图 2-30　材料标识牌样式

(3)材料标识牌建议尺寸为600 mm×400 mm,下边缘离地1.0~1.2 m,材质采用铝塑板或镀锌板。

2.7.3 脚手架验收牌

(1)施工脚手架验收合格后挂牌使用,脚手架验收牌应悬挂在脚手架明显处。

(2)脚手架验收牌应明确使用单位负责人、使用单位安全员、搭设单位负责人、验收日期等信息(见图2-31)。

施工单位名称、标志	
脚手架验收牌	
使用单位负责人	
使用单位安全员	
搭设单位负责人	
验收日期	

图2-31 脚手架验收牌

(3)脚手架验收牌参考尺寸为500 mm×400 mm,材质可采用铝塑板或镀锌板。

2.7.4 危险源告知牌

2.7.4.1 预知危险活动牌

(1)预知危险活动牌配置在作业场所,对作业中可能发生的危险因素进行分析,并提出对策措施,提醒作业人员采取相应的保护措施(见图2-32)。

施工单位名称			
预知危险活动牌			
作业活动:			
序号	有什么样的危险	序号	拟采取的措施
1		1	
2		2	
3		3	
4		4	
5		5	
作业班组:	班组长:		作业人数:

图2-32 预知危险活动牌

(2)预知危险活动牌尺寸为2 400 mm×1 600 mm,下边缘距离地面1.0~1.2 m,材质可选用铝塑板或镀锌板。

2.7.4.2 现场危险源告知牌

(1)现场危险源告知牌设置于辅助生产区、施工现场有重要危险源(点)的位置。在火工品仓库、油库、变电站、起重吊装作业现场、土石方开挖、钢筋加工厂等现场均应设置危险源告知牌(见图2-33)。

(2)现场危险源告知牌尺寸为1 200 mm×800 mm,下边缘距离地面1.0~1.2 m,材质可选用镀锌板。

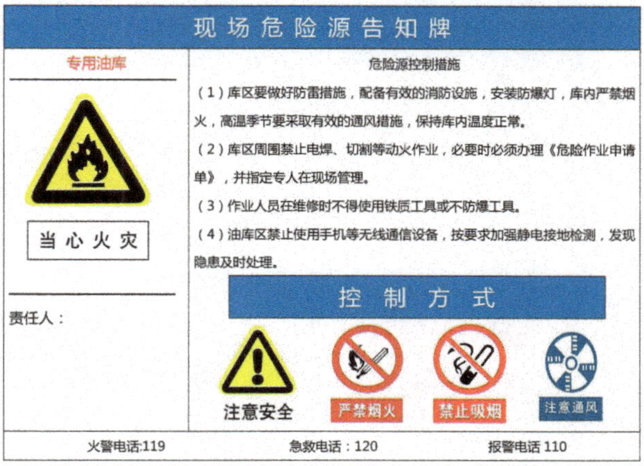

图 2-33 现场危险源告知牌

2.7.4.3 重大危险源告知牌

(1)重大危险源告知牌设置于施工现场入口处、重大危险源区域或其他显著位置,不得任意挪动,不得妨碍施工。

(2)重大危险源告知牌应明确重大危险源名称、可能导致的事故、采取的控制措施、责任人等(见图2-34、图2-35)。

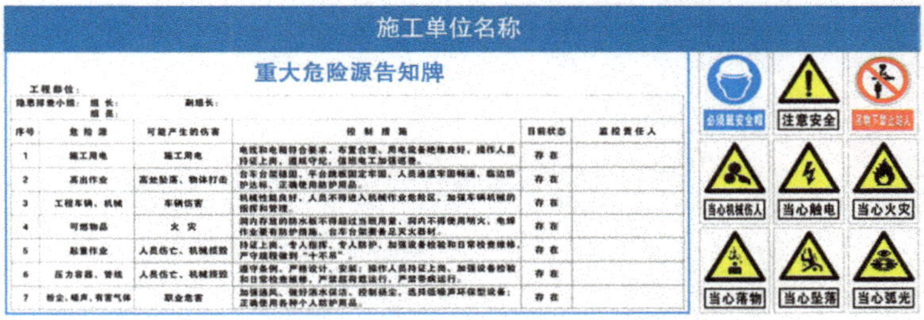

图 2-34 重大危险源告知牌样式1

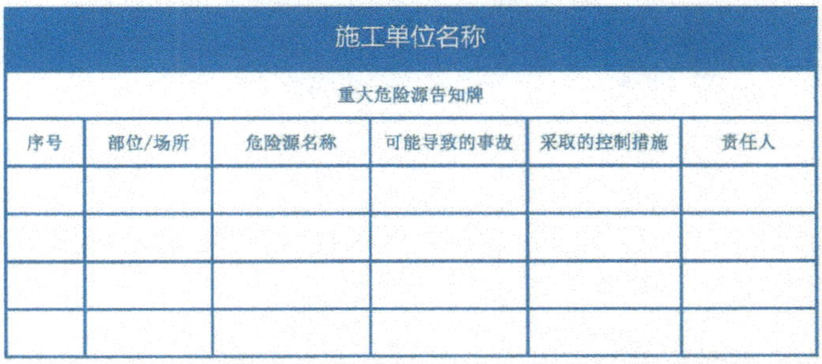

图 2-35 重大危险源告知牌样式2

(3)重大危险源告知牌尺寸为 1 200 mm × 800 mm,下边缘距离地面 1.0 ~ 1.2 m,材质可选用镀锌板。

2.7.5 职业危害告知牌

(1)工程涉及的职业危害包括噪声、粉尘、电焊烟尘等。

(2)职业危害告知牌应配置在存在职业危害的作业场所(如隧洞作业、爆破作业、混凝土拌和站、砂石料生产系统等),提醒作业人员采取相应的防护措施,减少职业危害(见图 2-36 ~ 图 2-38)。

(3)职业危害告知牌尺寸为 1 200 mm × 800 mm,下边缘距离地面 1.0 ~ 1.2 m,材质可选用镀锌板。

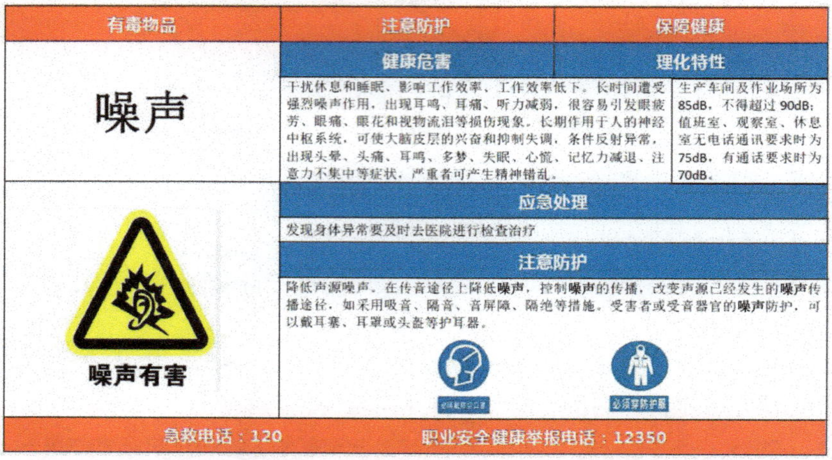

图 2-36　职业危害告知牌样式 1

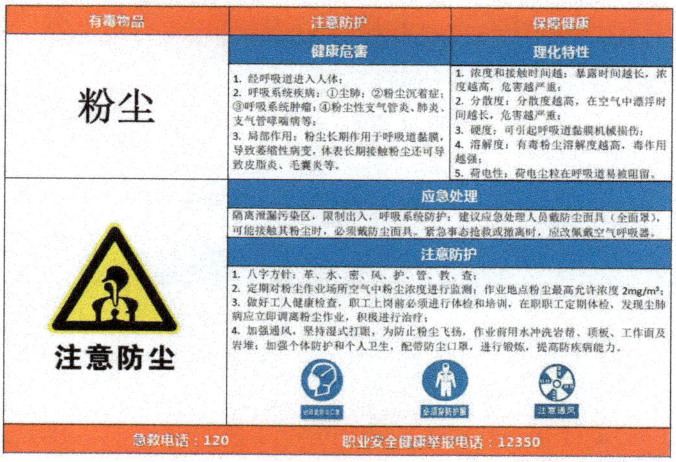

图 2-37　职业危害告知牌样式 2

2.7.6 爆破作业警示牌

(1)爆破作业警示牌(见图 2-39)设置在爆破危险区域边界的所有通道旁,并在爆破

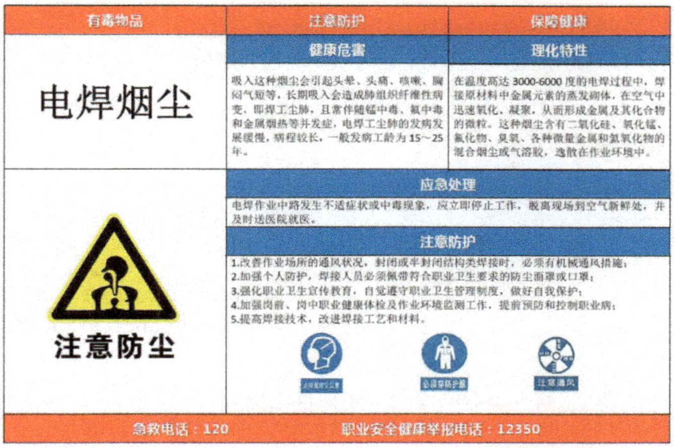

图 2-38　**职业危害告知牌样式 3**

作业点插爆破信号旗。

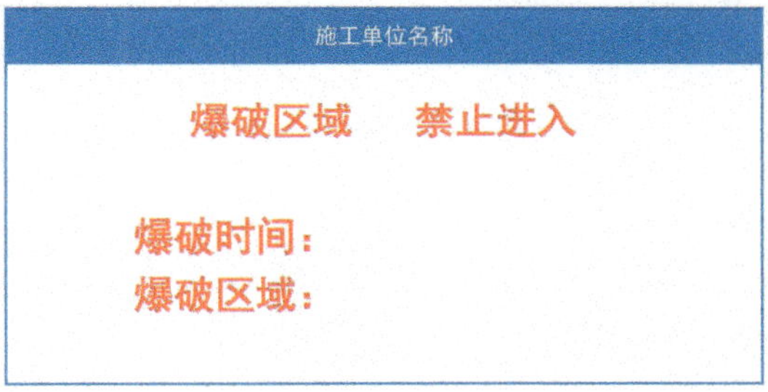

图 2-39　**爆破作业警示牌**

（2）爆破作业警示牌应标明爆破时间和爆破区域的范围。

（3）爆破作业警示牌参考尺寸为 1 200 mm×800 mm，下边缘距地面 1.0～1.2 m，材质为铝塑板或镀锌板。

2.7.7　施工作业责任标示牌

各作业面合适位置应设置施工作业责任标示牌（见图 2-40），标示牌白底蓝字，尺寸为 1 200 mm×800 mm，设置时标示牌下边缘距离地面 1.0～1.2 m。

施工单位名称			
施工作业责任标示牌			
部位名称			
桩号			
所属工区		施工作业队伍	
工区负责人		作业队负责人	
联系电话		联系电话	

图 2-40　**施工作业责任标示牌**

2.7.8 安全告知牌

(1)施工现场入口处设置安全告知牌(见图2-41)或与“五牌两图”一同设置,告知作业人员及外来人员进入施工区域需要遵守相关规定。

(2)安全告知牌尺寸为2 400 mm×1 600 mm,下边缘距离地面1.0~1.2 m。

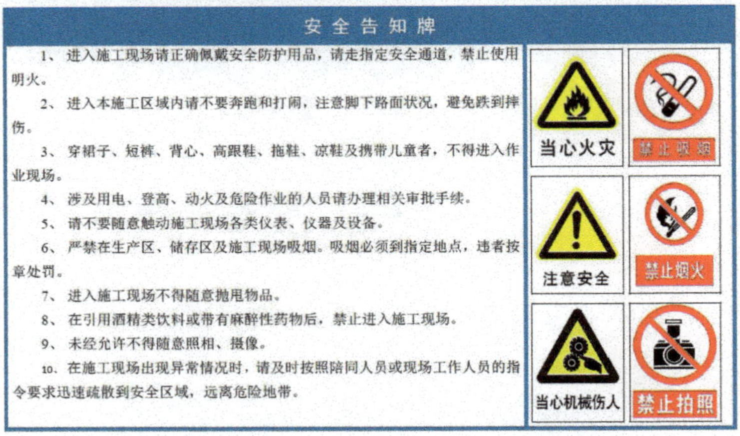

图2-41 安全告知牌示例

2.7.9 安全警告牌

(1)根据施工现场情况设置安全警告牌,如“临边危险注意安全”(见图2-42)、“前方施工请绕行”(见图2-43)、“施工区域禁止吸烟”等。

(2)安全警告牌尺寸为1 200 mm×800 mm,可等比缩放,下边缘距离地面1.0~1.2 m,材质为铝塑板或镀锌板。

图2-42 临边危险注意安全警告牌

图2-43 前方施工请绕行警告牌

2.8 室外宣传栏

(1)配置在办公区、生活区及施工现场作业区等需要设置的区域。

(2)用于企业文化宣传、安全文明宣传、安全警告宣传、安全生产政策法规宣传、安全生产知识宣传等方面。

(3)室外宣传栏(见图2-44)尺寸为2 400 mm×1 200 mm,根据具体需要可适当调整尺寸。

图 2-44　室外宣传栏

3　防护设施

3.1　防护栏杆

3.1.1　固定式防护栏杆

在悬崖、陡坡、脚手架及其他高处危险边沿进行悬空高处作业时，临边必须设置固定式防护栏杆，夜间作业时应设置夜间警示灯。

固定式防护栏杆应符合下列规定：

(1)钢管横杆及立柱宜采用不小于ϕ48.3 mm×3.6 mm 的钢管，以扣件或焊接固定。

(2)固定式防护栏杆应由上、中、下三道横杆及栏杆柱组成(见图 2-45)，上杆离地高度不低于 1.2 m，栏杆柱底部应设置不低于 0.2 m 的挡脚板，下杆离地高度为 0.3 m。坡度大于 25°时，防护栏杆应加高至 1.5 m，特殊部位必须用网栅封闭。

(3)长度小于 10 m 的防护栏杆，两端应设有斜杆；长度大于 10 m 的防护栏杆，每 10 m 至少应设置一对斜杆。斜杆材料、尺寸与横杆相同，并与立柱、横杆焊接或绑扎牢固。

(4)栏杆立柱间距不宜大于 2 m。若栏杆长度大于 2 m，必须架设立柱。

(5)防护栏杆整体构造应使栏杆任何处能经受任何方向的 1 kN 的外力时不得发生明显变形或断裂；在有可能发生人群拥挤、车辆冲击或物件碰撞的处所，栏杆应专门设计。

(6)根据现场情况在围栏上悬挂“请勿靠近”“临边危险”“禁止翻越”等警告标志。

3.1.2　活动式防护栏杆

(1)活动式防护栏杆(见图 2-46)适用于临时的安全通道、设备保护、危险场所等区域的隔离、围护、封闭和警戒。

(2)活动式防护栏杆表面应涂刷红白相间条纹，间距 300 mm。规格要求见表 2-14。

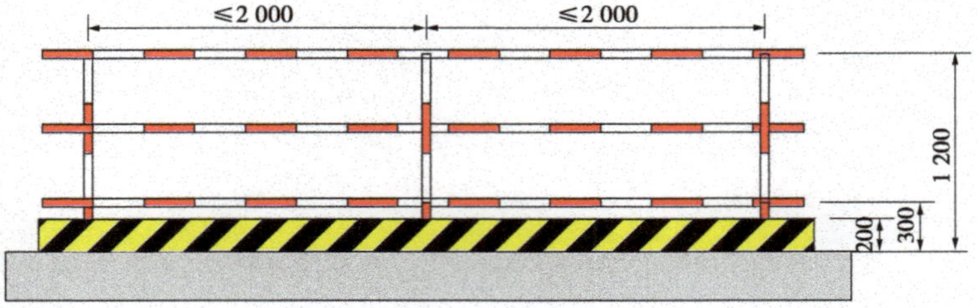

图 2-45　固定式防护栏杆　(单位:mm)

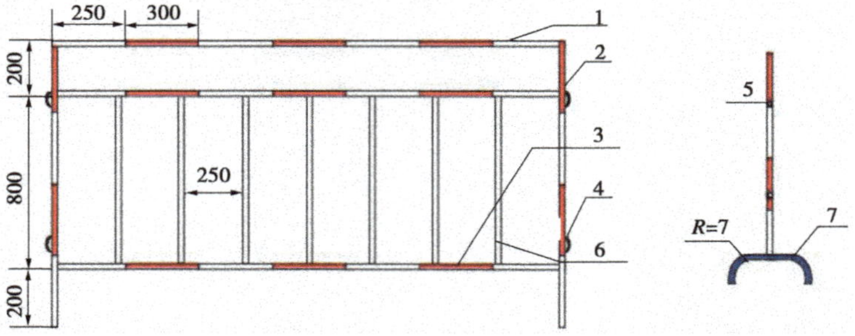

1—扶手;2—立柱;3—横杆;4—插管;5—套管;6—栏杆;7—立柱地脚

图 2-46　活动式防护栏杆　(单位:mm)

表 2-14　活动式防护栏杆规格

序号	名称	规格(mm)
1	扶手	ϕ48×3.5
2	立柱	ϕ48×3.5
3	横杆	ϕ48×3.5
4	插管	ϕ16 钢管
5	套管	ϕ20×3.5
6	栏杆	ϕ16 钢管
7	立柱地脚	ϕ48×3.5

(3)道路活动式防护栏杆可在底部增设滑轮和防护刺。

(4)防护栏杆应与安全警告标志牌、标语等配合使用。

3.2　孔洞防护

各类孔洞、沟槽应设固定盖板,在孔洞口边设置防护栏杆,同时设有安全警告标志和夜间警示灯。

3.2.1　直径小于 1 m 的孔洞防护

(1)直径小于 1 m 的孔洞可直接加盖孔洞盖板。

(2)盖板为钢板或网格板,上焊拉耳,下焊限位块。制作材料为≥5 mm 厚的花纹钢板。若盖板材料采用木材或混凝土,必须经过设计,其中普通盖板承载力不应小于 2.5

kPa。机动车辆、施工机械道路上的盖板承载力不应小于经过车辆、机械中最大轴压力的2倍。

(3)盖板边缘应大于孔洞边缘200 mm。限位块与孔洞边缘距离不得大于25～30 mm。盖板刷黄黑相间的条纹。孔洞盖板示意图见图2-47,实物图见图2-48。

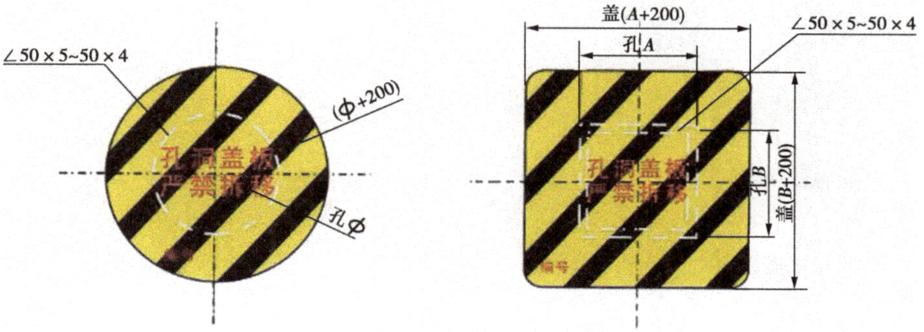

图2-47　孔洞盖板示意图　(单位:mm)

图2-48　孔洞盖板实物图

(4)安排专人经常巡查孔洞盖板设置状况,发现盖板遗失,立即在孔洞四周设围栏和安全警告牌,夜间应增加警示灯。盖板表面应防滑,基础应牢固可靠,并定期检查维修。

3.2.2　直径大于或等于1 m的孔洞防护

直径在1 m及以上的孔洞不宜采用孔洞盖板覆盖的形式,应在孔洞四周设置安全围栏和200 mm高的挡脚板,孔洞下部铺设安全网。安全围栏按照图2-49设置。

3.2.3　沟道盖板

(1)沟道盖板适用于短边在1 m以下的沟道临时封闭以及需要封闭的沟道(见图2-50)。

(2)沟道盖板可采用木板、水泥、钢板制作;沟道盖板承受荷载时,应经计算确定,承载力应不小于最大压力的2倍。

(3)沟道盖板刷红白相间或黄黑相间的颜色。

图 2-49　直径大于 1 m 的孔洞防护

图 2-50　沟道盖板

3.3　钢扶梯、钢爬梯、简易直梯、定型踏步

3.3.1　钢扶梯

钢扶梯(见图 2-57)适用于坡度在 45°～75°的临时上下通道,随时可挪移。

钢扶梯应符合下列规定:

(1)梯梁宜采用工字钢或槽钢。

(2)踏脚板宜采用 3 根直径不小于 20 mm 的钢筋与小角钢组焊,或 25 mm×4.0 mm 扁钢与小角钢组焊成的格子板。踏脚板的宽度为 0.1 m,踏脚板间距宜为 0.3 m,等距离分布。

(3)边缘扶手栏杆高度不应小于 1 m,扶手立柱间距不宜大于 2 m,均采用外径不小于 300 mm、壁厚不小于 2 mm 的管材。

(4)扶梯宽度不小于 0.6 m。扶梯高度大于 5 m 时,设梯间平台,分段设梯。

(5)扶梯焊接、安装应牢固可靠。

(6)应定期对扶梯进行检查。有下列情况之一时停止使用:①焊缝裂开或构件破坏;②锈蚀严重;③有其他影响结构稳定的现象。

图 2-51　钢扶梯

3.3.2　钢爬梯

钢爬梯适用于坡度大于 75°的攀爬部位,适用于固定式钢爬梯随工程的进度可能随时需要拆卸的场所。

钢爬梯应符合下列规定:

(1)钢爬梯梯梁宜采用不小于∟50 mm×50 mm 角钢或直径不小于 30 mm 的钢管;踏棍采用直径不小于 20 mm 的圆钢,间距为 30 cm,等距离分布。

(2)钢爬梯与建筑物、设备、墙壁、竖井之间的净间距不应小于 0.15 m。

(3)钢爬梯的高度超过 5 m 时,其后侧临空面应设置护笼,护笼直径为 650 ~ 800 mm。

(4)超长直爬梯,每隔 6 m 设置梯间平台。

(5)钢爬梯宽度不小于 0.6 m。

(6)钢爬梯焊接、安装应牢固可靠。

(7)定期对钢爬梯进行检查。有下列情况之一时停止使用:①焊缝裂开或构件破坏;②锈蚀严重;③有其他影响结构稳定的现象。

钢爬梯示意图见图 2-52。

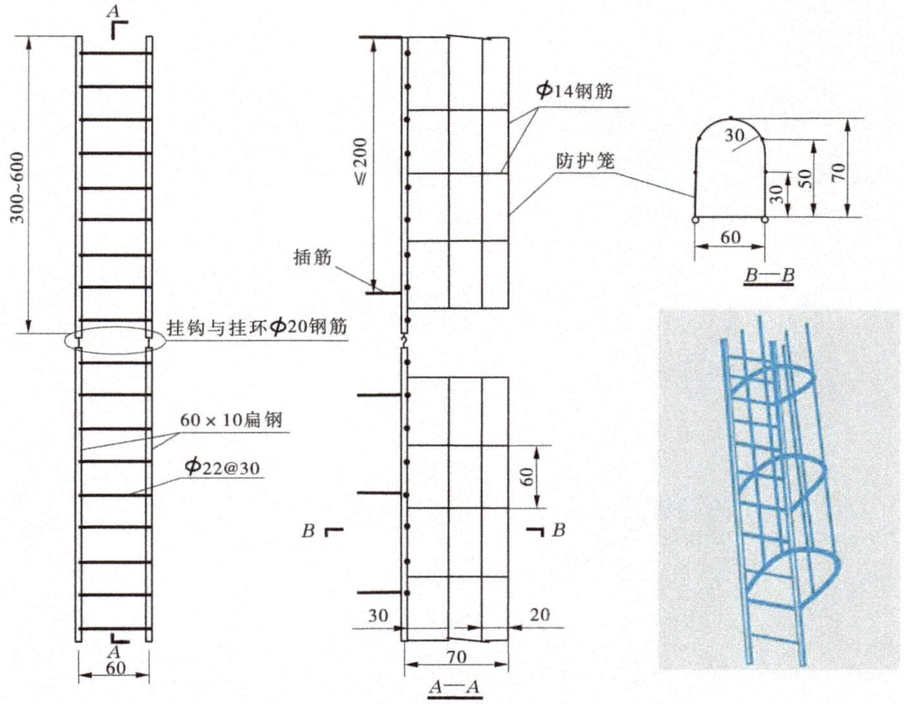

图 2-52　钢爬梯示意图　(单位:mm)

3.3.3　简易直梯

简易直梯适用于高度不超过 3 m、坡度为 45° ~ 75°的临时上下通道。

简易钢直梯(见图 2-53)应符合下列要求:

(1)梯子应采用性能不低于 Q235 的钢材。其长度为 3.5 m,宽度为 0.6 m。

(2)梯梁应采用型号不小于∟50 mm × 50 mm 的角钢或Φ48 mm 的钢管。踏棍宜采用直径不小于 20 mm 的圆钢,间距宜为 300 mm,等距离分布。

简易木直梯应符合下列规定:

(1)长度不宜超过 3 m,宽度不宜小于 0.5 m。

(2)梯梁截面尺寸不得小于 5 cm × 8 cm,梢径不得小于 8 cm,踏棍间距不宜大于 0.3 m。

(3)安放立梯工作角度宜为 75° ± 5°,必须固定稳固。

3.3.4　定型踏步

(1)定型踏步适用于坡度小于45°的场所，踏步角度根据实际情况调整,保持踏步水平。

(2)栏杆参考防护栏杆标准制作。

(3)必须使用踏步或走道板,走道板必须为50 mm厚以上木板,并安装防滑条。

(4)使用中至少每周进行一次检查,出现损坏应及时维修更换。

定型踏步结构见图2-54。

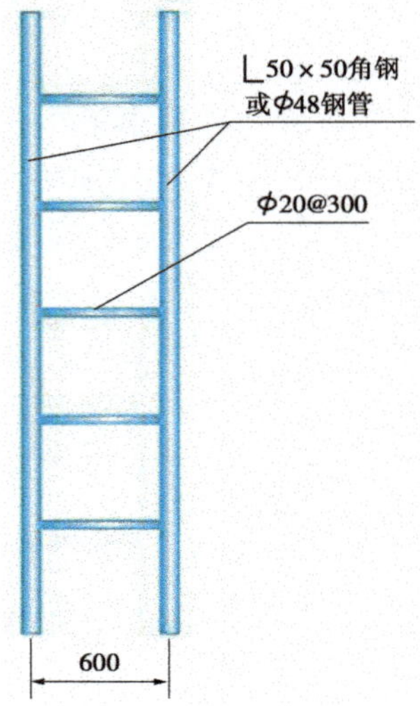

图2-53　简易钢直梯　(单位:mm)

3.4　安全通道

3.4.1　临时安全通道

(1)临时安全通道(见图2-55)适用于临时作业场所,如栈桥、栈道、悬空通道等。

(2)栏杆参考固定式防护栏杆标准制作。走道采用50 mm木板铺设,应铺满、铺平。挡脚板采用5 mm钢板或50 mm木板设置。

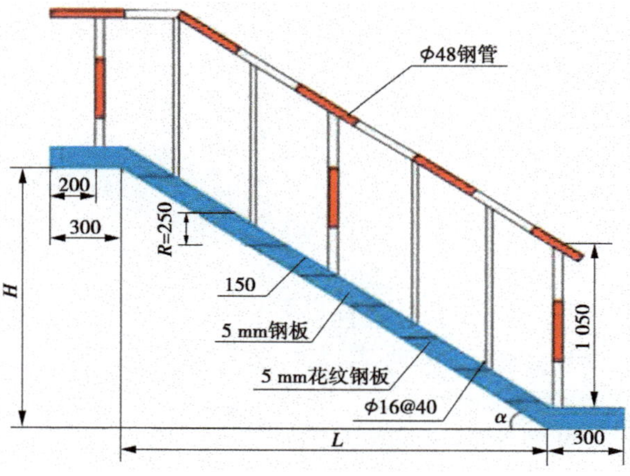

扶梯宽度100 cm;H—梯高;R—踏步高;L—梯跨;α—坡度

图2-54　定型踏步结构

(3)安全通道应与警告牌、限载标志、企业标志、标语等配合使用,并应定期进行安全检查。

3.4.2　临时便道

(1)临时便道(见图2-56)指临时使用搭设的便道,在钢筋、有杂物的地面上,可以铺设木板、竹跳板,宽度在600 mm左右。

(2)木板或竹跳板要用铁丝绑扎固定。

图 2-55　施工临时安全通道示例

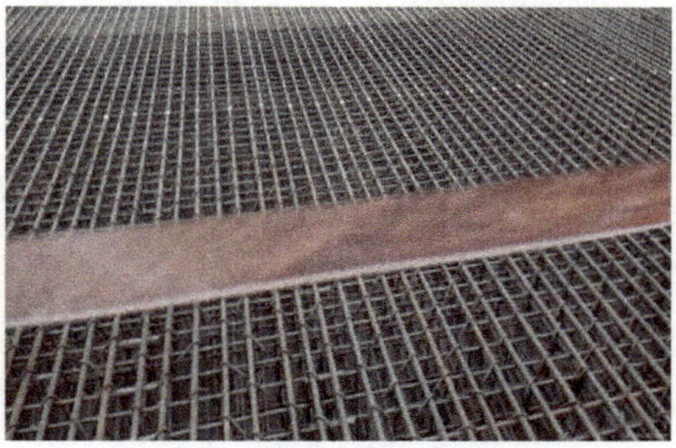

图 2-56　临时便道示例

(3)悬空的通道宽度跨度小于 2.5 m 时，可用钢结构搭设，具体尺寸经载荷计算而定，确保安全，通道两侧应设防护栏杆。

(4)悬空的通道宽度跨度大于 2.5 m 时，需要设计支架，并进行载荷强度计算。地面铺设 4 mm 厚的花纹钢板，栏杆按照固定式防护栏杆标准要求设定。

3.4.3　防护棚安全通道

(1)防护棚安全通道适用于排架、井架、隧洞等出入口和上部有施工作业的通道(见图 2-57)。

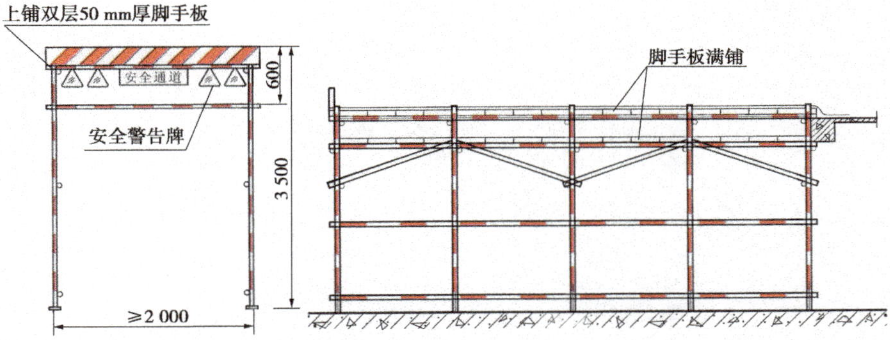

图 2-57　防护棚安全通道

(2)防护棚长度应超过可能坠落范围，宽度不小于通道的宽度。当可能坠落的高度超过 24 m 时，应设双层防护棚。防护棚宜使用钢板或木板，通道两侧应防护严密。

(3)安全通道内两侧宜设置安全宣传栏、安全标语牌、重要危险点牌、文明施工责任区域牌等。通道入口严禁堵塞或堆放物料。

3.5　安全网

3.5.1　水平安全网

(1)水平安全网(见图 2-58)适用于脚手架、孔洞、通道、交叉作业预防高空落物的场所。

(2)高处临边、临空作业应设置安全网。安全网距工作面的最大高度不应超过 3 m，水平投影宽度应不小于2.0 m,安全网应挂设牢固,随工作面升高而升高。

(3)水平安全网必须由符合国家要求的专业厂家生产,并应提供资质证书、生产许可证、产品合格证,每批产品有抽样检测报告。立网不能作为水平安全网使用。

图2-58　水平安全网

3.5.2　**密目式安全网**

(1)密目式安全网适用于大面积脚手架、人行通道上方脚手架或建筑物外立面施工脚手架、安全通道外侧的区域及场所。

(2)密目式安全网宜设置在脚手架外立杆的内侧(见图2-59)。破损或受到较大冲击后的密目式安全网应及时更换。

图2-59　密目式安全网

(3)密目式安全网必须由符合国家要求的专业厂家生产,并应提供资质证书、生产许可证、产品合格证,每批产品有抽样检测报告。

(4)密目式安全网应为阻燃产品。其规格为宽1.8 m、长6 m,网目数不应低于2 000目/100 cm^2。

(5)密目式安全网强度要求:用5 kg重的钢管,从距网中心上方3 m的高处垂直自由落下,砸到与地面成30°角的网面上不穿透。用100 kg重的砂袋,自2 m高处垂直自由落下,砸到水平网面上,网边撕裂口不超过 200 mm。

3.6　气瓶存放设施

(1)现场采用标准化氧气、乙炔瓶笼、托架与推车,对现场使用气瓶进行集中和上架管理(见图 2-60)。

(2)瓶笼底部采用花纹钢板,笼顶及托架采用厚度不小于 3 ~4 mm 的钢板,瓶笼斜支架采用ϕ 16 圆钢,根据实际称重考虑结构材料型号。

(3)搬运氧气、乙炔瓶时应使用移动式手推车。移动式手推车见图 2-61。

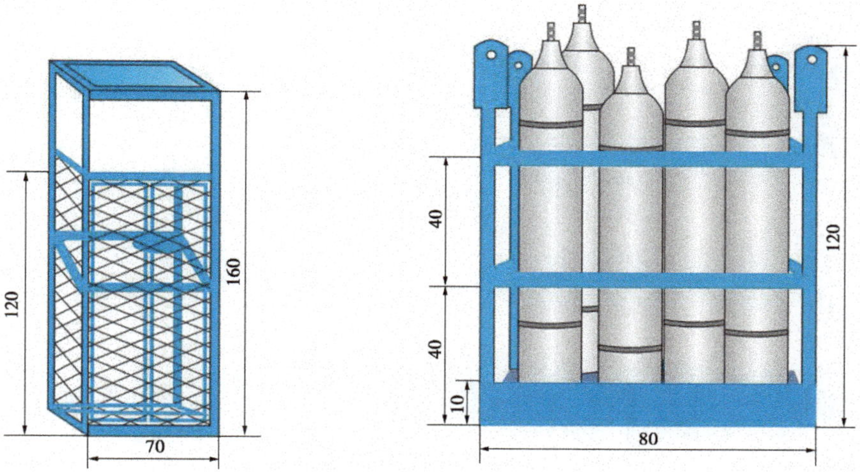

图 2-60　**氧气、乙炔瓶存放设施**　(单位:cm)

图 2-61　**移动式手推车**

(4)气瓶应放置在通风良好的场所,不应靠近热源和电气设备,与其他易燃易爆物品或火源的距离一般不应小于 10 m。使用过程中,乙炔瓶应放置在通风良好的场所,与氧气瓶的距离不应小于 5 m。

(5)储存间应有专人管理,在醒目的地方应设置"乙炔危险""严禁烟火"等警告标志。

3.7 防护棚

(1)加工场地地面需硬化,宜选用混凝土地面。

(2)木工加工棚搭设尺寸可选用 3 000 mm×4 500 mm 单组加工棚拼装加长,具体尺寸根据现场实际情况确定。

(3)加工车间顶部应张挂安全警告标志和安全宣传用语的横幅,横幅宽度宜为 1 m。

(4)木工加工棚需在醒目处挂操作规程图牌,图牌的尺寸为 3 000 mm×1 500 mm,图牌朝内。

木工加工棚示意图见图 2-62,钢筋加工棚示意图见图 2-63,小型机具防护棚示意图见图 2-64。

图 2-62　木工加工棚示意图

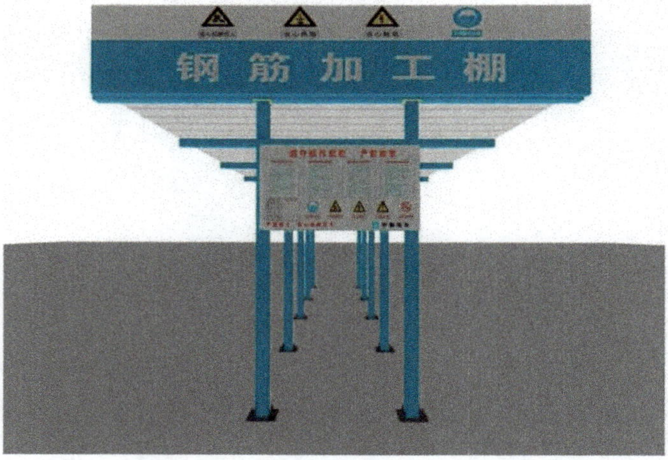

图 2-63　钢筋加工棚示意图

图 2-64 小型机具防护棚示意图

4 个体防护

4.1 基本要求

(1)施工单位应按要求为从业人员配备个人防护用品,购买的安全防护用品如安全帽、安全带、安全网等,应符合国家规定的质量标准,具有厂家安全生产许可证、产品合格证和安全鉴定合格证。

(2)施工单位应教育作业人员按要求正确佩戴防护用品,不应使用超过使用期限的安全防护用具;常用的安全防护用具应经常检查和定期进行试验,其要求和周期应符合有关规定。

(3)安全防护用具严禁作其他工具使用,应妥善保管。安全帽、安全带等应放在空气流通、干燥处。

(4)在有毒有害气体可能泄露的作业场所,应配置必要的防毒用具,以备急用,并应及时检查、维护、更换,保证其始终处在良好的待用状态。

4.2 工作服

(1)为了方便现场统一管理,各参建单位应统一着装,工作服上均要在统一位置标有单位名称或单位标志。

(2)工作服应用棉质材料制作,禁止使用化纤或棉和化纤混纺的材料。

(3)工作时应穿统一的工作服(见图 2-65),使用前应仔细检查外观,衣服和袖口必须扣好。

4.3 安全帽

(1)安全帽应统一颜色,建设单位佩戴黄色安全帽,监理单位、设计单位佩戴蓝色安

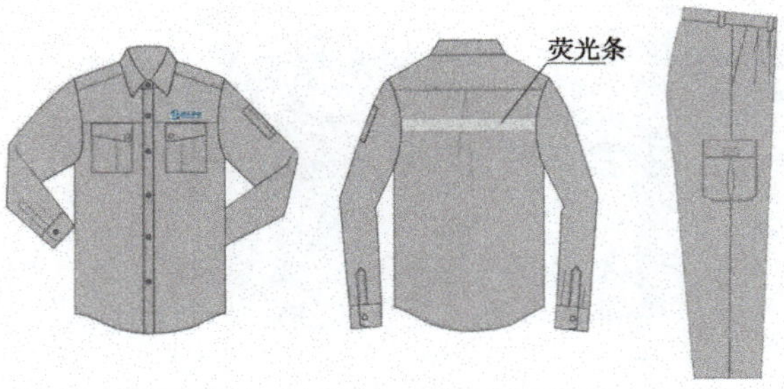

图 2-65　工作服

全帽,施工单位佩戴红色安全帽,外来参观人员佩戴白色安全帽。安全帽的分类见图 2-66。

(a)建设单位　(b)监理单位、设计单位

(c)施工单位　(d)外来参观人员

图 2-66　安全帽的分类

(2)安全帽正前方设置明显的企业名称标识,左侧张贴信息标识,包括姓名、岗位或二维码标识。

(3)安全帽要具备厂家安全生产许可证、产品合格证、安全鉴定合格证和安全标志,定期检查并进行试验。安全帽的检查标准与试验要求见表 2-15。

表 2-15　安全帽的检查标准与试验要求

名称	检查标准与试验要求	检查、试验周期
塑料安全帽	1. 外表完整、光洁; 2. 帽内缓冲器、帽带齐全无损; 3. 耐 40 ~ 120 ℃高温不变形; 4. 耐水、油,化学腐蚀性良好; 5. 可抗 3 kg 的钢球从 5 m 高处垂直坠落的冲击力	一年一次

(4)安全帽要佩戴端正、系紧下额带。

4.4　安全带

(1)安全带使用时应严格执行高挂低用。禁止将安全带挂在不牢固或带尖锐角的构件上,禁止用安全带传递重物。高度超过 2 m,没有其他防止坠落的措施时,必须使用安全带。

(2)安全带要正确使用(见图 2-67),拉平,不要扭曲。三点式腰部安全带应系得尽可能低些,最好系在髋部,不要系在腰部;肩部安全带不能放在胳膊下面,应斜挂胸前。

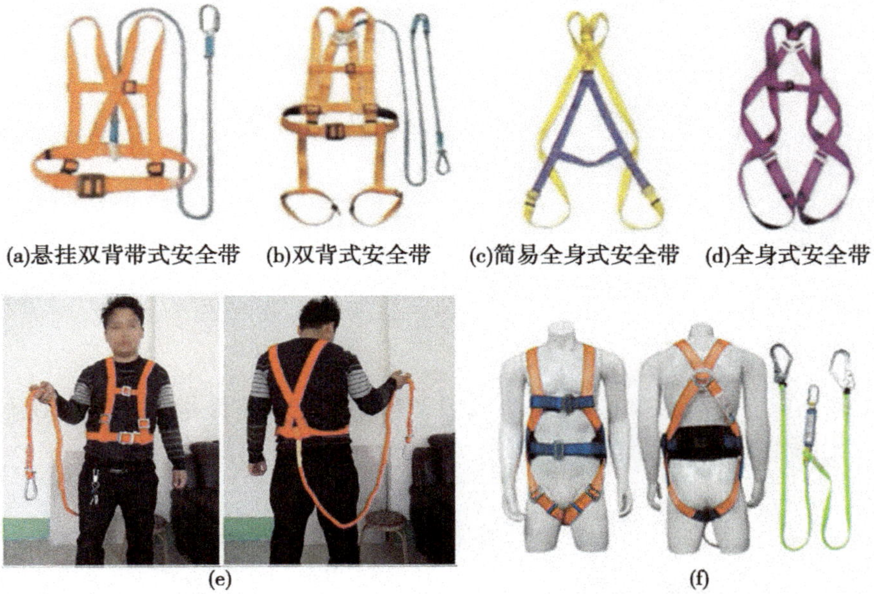

(a)悬挂双背带式安全带　(b)双背式安全带　(c)简易全身式安全带　(d)全身式安全带

(e)　(f)

图 2-67　安全带的分类及正确使用方式

(3)在每次使用前应对安全带进行检查,新带使用 1 年后抽样试验,旧带每隔 6 个月抽查试验一次,检查标准与试验要求见表 2-16。

表 2-16　安全带检查标准与试验要求

名称	检查标准与试验要求	检查、试验周期
安全带	检查: 1. 绳索无脆裂、断脱现象; 2. 皮带各部件接口完整、牢固,无霉和虫蛀现象; 3. 销口性能良好。 试验: 1. 静荷:使用 25 kg 重物悬吊 5 min 无损伤; 2. 动荷:将质量为 120 kg 的重物从 2 ~ 2.8 m 高架上冲击安全带,各部件无损伤	1. 每次使用前均应检查; 2. 新带使用 1 年后抽样试验; 3. 旧带每隔 6 个月抽查试验一次

4.5 安全绳

(1)凡安全带所配的安全绳(见图 2-68)长度超过 3 m 的,必须配装缓冲器。

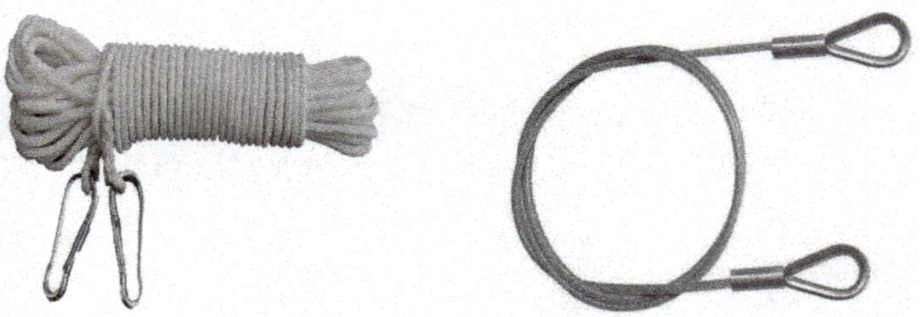

(a)纤维绳式安全绳　　(b)钢丝绳式安全绳

图 2-68　安全绳

(2)安全绳一次仅供一人使用;佩戴前应进行检查,有缺陷的不得使用。禁止替换安全绳上的零件。

(3)要定期进行外观检查和性能试验。

4.6 防尘面罩、防尘口罩

(1)防尘面罩、防尘口罩(见图 2-69)适用于存在粉尘、烟雾及毒性较小且刺激性不太强的气体的作业场所。

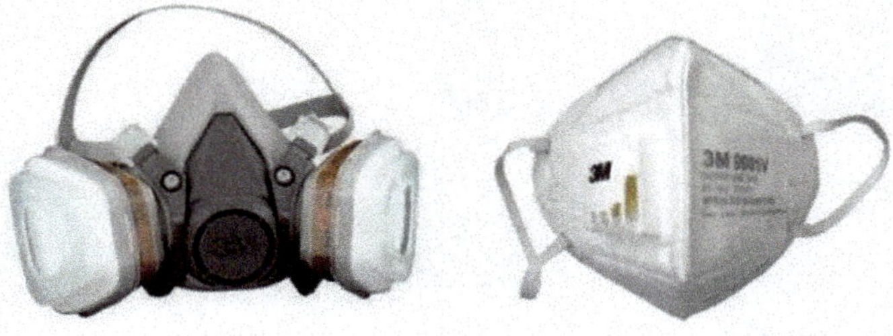

(a)防尘面罩　　(b)防尘口罩

图 2-69　防尘面罩、防尘口罩

(2)使用时要完全覆盖口鼻,注意避免灰尘弄脏或受到挤压。

(3)若破损、变质、超期,应及时更换。

4.7 防毒面具

(1)防毒面具(见图 2-70)适用于液氨制冷作业场所、危险品仓库等。

(2)制冷站进行氨相关作业时,必须佩戴防毒面具(过滤式呼吸器)。

(3)使用前应检查是否有缺陷,有缺陷的应及时

图 2-70　防毒面具

更换。

(4)防毒面具在专用柜内存放,严禁随意挪用。

4.8 电焊面罩

(1)从事焊接作业时,必须佩戴电焊面罩(见图2-71)。

图2-71 电焊面罩

(2)根据作业环境,可选择手持式面罩或头盔式面罩。

(3)眼部观察窗的护目玻璃有损坏时应及时更换。

4.9 防护眼镜

防护眼镜(见图2-72)主要有防尘眼镜、防化学腐蚀眼镜和防辐射眼镜等多种。

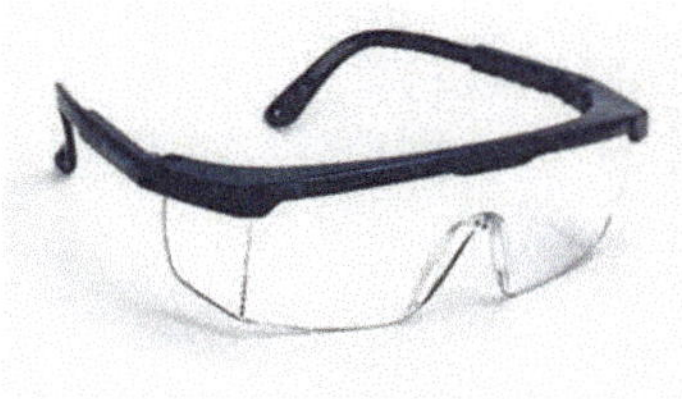

图2-72 防护眼镜

(1)防尘眼镜适用于粉尘较多的作业场所,配合防护口罩使用。

(2)防化学腐蚀眼镜的镜片耐酸碱、腐蚀,适用于有毒、有害化学作业环境等。

(3)防辐射眼镜适用于从事电焊、气焊及车间热处理的作业人员。

4.10 耳塞、防护耳罩

(1)耳部防护器主要有耳塞、防护耳罩(见图2-73)。

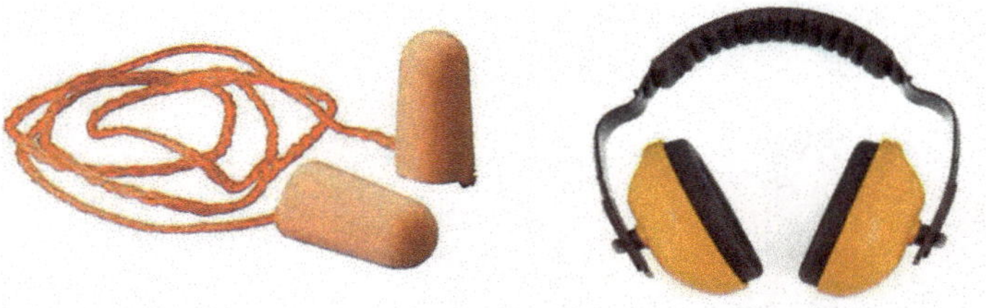

(a)耳塞 (b)防护耳罩

图2-73 耳塞、防护耳罩

(2)耳塞、防护耳罩适用于钻孔,砂石料粉碎、筛分系统,机械切割等噪声较大区域的作业人员。

4.11 防护手套

防护手套(见图2-74)材质包括纱、绒、布、皮、橡胶、乳胶,根据实际需求采购。

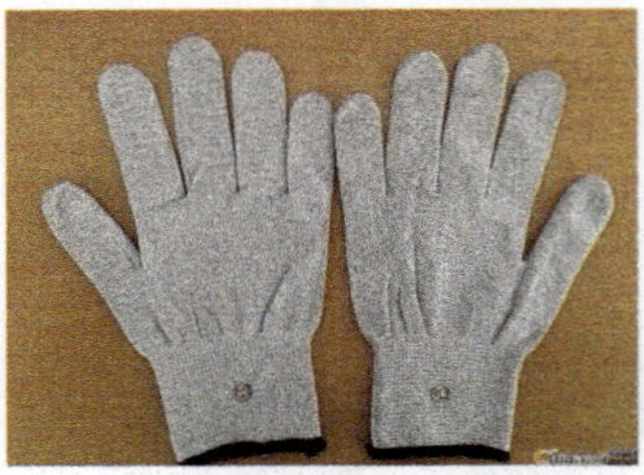

(a)普通棉布手套

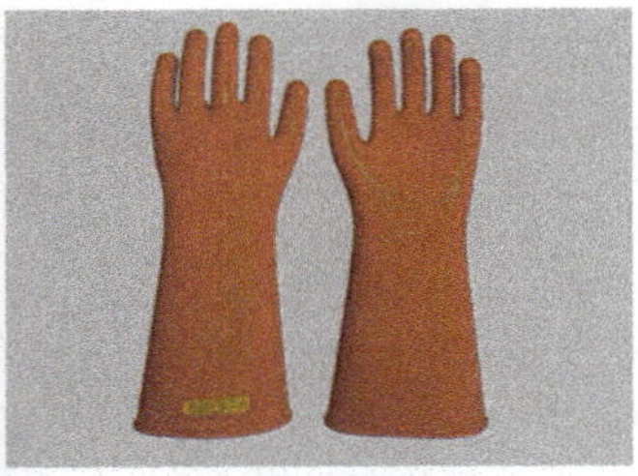

(b)绝缘手套

图2-74 防护手套

(1)从事酸碱等腐蚀性作业人员、试验工、水下作业人员等应佩戴防腐蚀、防水胶手套。

(2)从事焊接、高温作业人员应佩戴阻燃耐高温手套。

(3)电气作业人员必须佩戴绝缘手套,绝缘手套应每6个月进行绝缘性能检测。

(4)防割、防刺手套适用于从事玻璃切割、野外及含有尖锐物体的作业场所。

(5)橡胶、乳胶、塑料等类防护劳保手套使用后应冲洗干净、晾干,保存时避免高温,并在手套上撒上滑石粉以防粘连。

(6)使用车床、钻床、铣床和传送机等或靠近机械转动部位时,严禁戴手套。

4.12 工作鞋

工作鞋分为普通工作鞋、阻燃耐高温鞋、软底鞋、胶鞋、防穿刺鞋、绝缘鞋等(见图2-75)。

(a)普通工作鞋

(b)阻燃耐高温鞋

(c)软底鞋

(d)胶鞋

(e)防穿刺鞋

(f)绝缘鞋

图2-75 工作鞋

(1)普通工作鞋大部分为帆布材质,鞋内有防砸包头,适用于大多数作业人员。

(2)阻燃耐高温鞋适用于电焊工、司炉工等。

(3)软底鞋适用于架子工、边坡攀登等高处作业。

(4)胶鞋(防砸、耐腐蚀、防水)适用于从事酸碱等腐蚀性作业人员、超声探伤工、混凝土工及部分机型操作人员等。

(5)防穿刺鞋底部装有铁皮,适用于野外作业或在含有尖锐物体场所作业的人员。

(6)绝缘鞋适用于电工、磨石工及部分机械操作工,高压绝缘鞋应每 6 个月做一次绝缘性能检验。

(7)工作鞋在每次使用前必须仔细检查其完好性,发现性能不符合要求时应及时更换,穿戴时应系好鞋带。

4.13　救生衣、救生圈

(1)水上作业、临水作业时,必须配备救生衣[见图 2-76(a)]。穿戴时应注意将救生衣口哨袋朝外。

(2)水上作业、临水作业时,应配备足够数量的救生圈[见图 2-76(b)]。救生圈宜配备相应长度的救生绳备用。

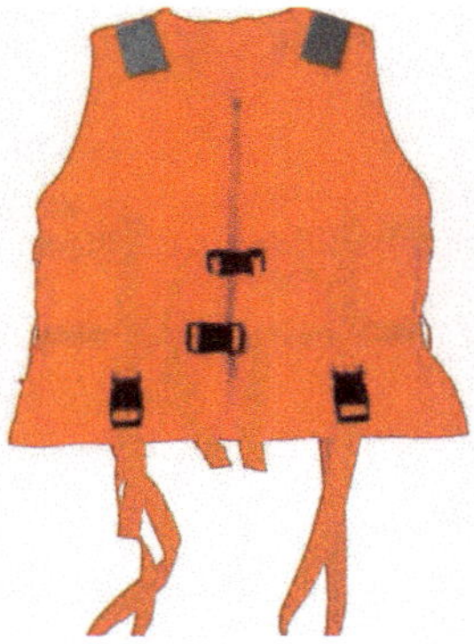

(a)救生衣

(b)救生圈

图 2-76　救生衣、救生圈

4.14　防酸、防碱、防静电服

(1)防酸、防碱、防静电服(见图 2-77)适用于有腐蚀,临近高压、强电场等特殊作业场所。

(2)必须从专业生产厂家或供应商购买,必须有产品合格证、相关技术文件和检测报告。

(3)使用前应进行检查,不合格产品不得使用。

(a)防酸、防碱服　　(b)防静电服

图 2-77　防酸、防碱、防静电服

4.15　反光衣

(1)从事夜间作业或现场光线不足时,作业人员应穿着反光衣(见图 2-78)。

(a)普通反光衣　　(b)防静电反光衣

图 2-78　反光衣

(2)穿着前应检查反光衣外观,确认反光衣完好方可使用。反光衣应保持清洁,保证反光条的反光效果。

5　安全标语

施工现场应设置相应的安全标语,增强员工的安全意识。安全标语可参考下列内容:

(1)安全第一,预防为主,综合治理。

(2)施工生产,安全第一。

(3)安全是生产之本,违章是事故之源。

(4)严禁违章操作,确保安全生产。

(5)高高兴兴上班,平平安安回家。

(6)进入施工现场必须戴好安全帽。

(7)仓库重地,严禁烟火。

(8)遵守操作规程,严肃劳动纪律。
(9)安全生产,人人有责。
(10)安全生产大如天,安全责任重于山。
(11)事事注意安全,处处防止事故。
(12)隐患险于明火,防范胜于救灾,责任重于泰山。
(13)安全为了生产,生产必须安全。
(14)执行操作规程,防止发生事故。
(15)安全来自警惕,事故出于麻痹。
(16)安全连着你我他,平安幸福靠大家。
(17)手与手拉起安全的防线,心与心筑起生命的港湾。
(18)安全是幸福花,合家欢乐美如画。
(19)警钟长鸣,常抓不懈。
(20)疏忽一时,痛苦一生。
(21)不伤害他人,不伤害自己,不被他人伤害。
(22)勿忘安全,珍惜生命。
(23)安全从严抓,幸福千万家。
(24)安全你我他,幸福靠大家。
(25)安全就是效益,安康就是幸福。
(26)弘扬安全文化,规范安全行为。
(27)不怕千日紧,只怕一时松。
(28)事故在瞬间发生,安全从点滴做起。
(29)宁为安全憔悴,不为事故流泪。
(30)安全是最大的节约,事故是最大的浪费。

第3章　文明施工标准化

1　办公区、生活区标准化

1.1　总体布置

（1）办公区、生活区和生产区应分区设置（见图 3-1），并应采取相应的隔离措施。

图 3-1　总体布置

（2）应选择在地质稳定，不受洪水、滑坡、泥石流、塌方及危石影响的位置。分区布置，应满足安全、卫生、防洪、防火及环境保护的要求。

（3）总体规划布置应遵循合理使用场地，有利办公、便于管理的基本原则。

（4）生活区地面应进行硬化，地面硬化可采用混凝土浇筑或铺设可周转使用的面包砖，也可以采用定型化、可移动组装式预制混凝土拼装地面。

（5）生活区地面应设置合理的排水设施并保证排水通畅，适当位置应进行绿化处理，通道间距须符合消防要求。

（6）办公区、生活区应设置门岗、办公室、会议室、旗台、食堂、卫生间、浴室、急救箱、停车场、宣传栏、密闭式垃圾收集容器等设施。

（7）施工单位可根据具体情况选择租赁居民住房、院落用于办公、生活，但应满足用电、用火安全及环境卫生等要求。

1.2　大门

（1）为保证办公区、生活区场所封闭安全，现场设置办公区域大门（见图 3-2），大门可采用电动伸缩门或其他形式。

（2）大门两侧设门柱，门柱可采用砖砌或混凝土浇筑，右侧门柱旁设置人行通道，左侧可设置形象墙。

（3）大门宽度不宜小于 8 m，立柱尺寸不宜小于 800 mm × 800 mm，门柱旁人行通道宽度不小于 1.0 m。

（4）大门立柱或形象墙上标识项目名称和承建单位信息。

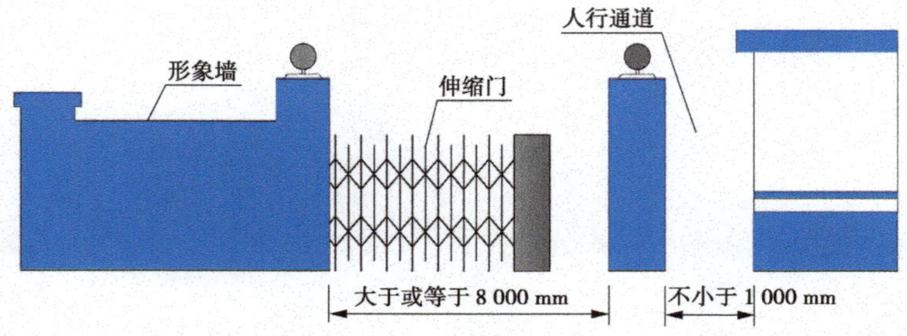

图 3-2 大门

1.3 围墙

办公区必须设置连续封闭施工围墙,围墙可采用实体围墙或通透围墙。

1.3.1 实体围墙

(1)围墙总体高度 2.5 m,基础埋地 500 mm,每隔 6 m 设置柱墙,墙体厚度为 240 mm。实体围墙结构见图 3-3,实物见图 3-4。

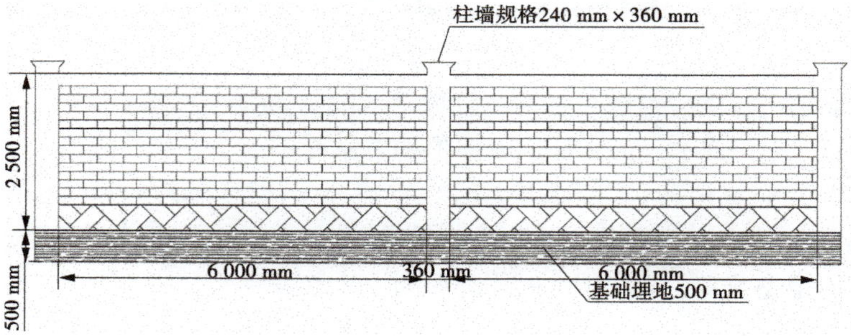

图 3-3 实体围墙结构

图 3-4 实体围墙实物

(2)围墙上设置工程概况、工程形象图、安全生产文化宣传标语、漫画等。

1.3.2 通透围墙

通透围墙总体高度 2.5 m,基础埋深 500 mm,地面以上砌块基础高 500 mm,护栏高度 2 m,每隔 6 m 设柱墙或立柱。通透围墙结构见图 3-5,实物见图 3-6。

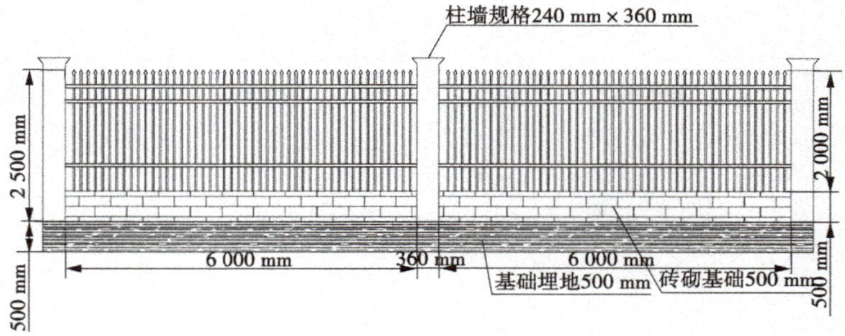

图 3-5　通透围墙结构

图 3-6　通透围墙实物

1.4　门岗

(1)在办公区进门处设置门岗,门岗设置监控系统和人员值班,记录出入该区域的人员、车辆情况。门岗室内张贴门岗值班规定。

(2)门岗建议尺寸可参考图 3-7。门岗形象图见图 3-8。

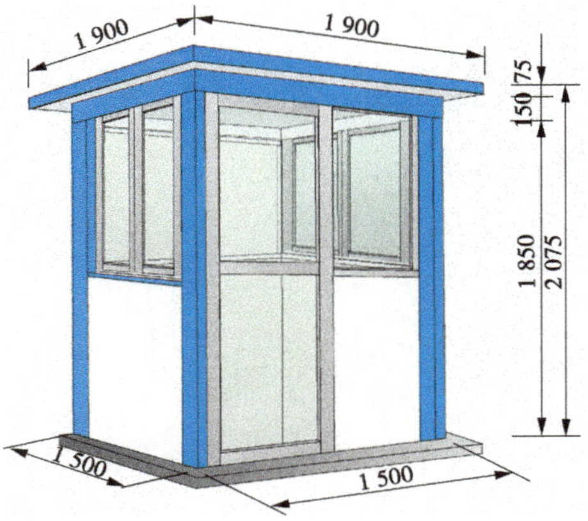

图 3-7　门岗建议尺寸　(单位:mm)

图 3-8　门岗形象图

1.5 旗台与旗杆

(1)旗台基础采用混凝土结构,表面贴褚红色大理石,旗台正面设施工单位标识(见图3-9)。旗台尺寸可采用3.6 m×1 m×0.9 m。

(2)旗台上设3根银白色不锈钢旗杆,直径不小于120 mm,左、中、右旗杆分别挂安全生产旗、国旗、公司旗,左、右旗杆高度为15 m,中间旗杆比左右旗杆高0.5 m。

(3)旗帜采用尼龙材质,旗面采用热转印或丝网印刷、喷绘。

1.6 房屋建筑

(1)房屋采用定型轻钢结构板房(见图3-10),房屋不宜超过2层,屋顶选用适当材料,禁止使用聚氯乙烯泡沫材料,房屋建筑间隔不小于3.5 m。

(2)厨房、可燃材料库房及易燃易爆危险品库房等应采用单层建筑,与宿舍和办公用房分别设置,并应按相关规定保持安全距离。临时用房内设置的食堂、库房和会议室应设在首层。

(3)宿舍、办公用房的建筑构件的燃烧性能等级应为A级。当采用金属夹芯板材时,其芯材的燃烧性能等级应为A级。

(4)每100 m^2临时建筑应至少配备两具灭火级别不低于3A的灭火器,厨房等用火场所应适当增加灭火器的配置数量。

图3-9 旗台与旗杆

(5)对于2层房屋建筑,当每层的建筑面积大于200 m^2时,应至少设置2个安全出口或疏散楼梯;房间疏散门至疏散楼梯的最大距离不应大于25 m。

图3-10 定型轻钢结构板房

(6)单面布置用房时,疏散走道的净宽度不应小于1.0 m;双面布置用房时,疏散走道的净宽度不应小于1.5 m。

(7)办公楼、宿舍楼应有自然通风和采光装置;地面应采取防水、防潮、防虫等措施,且应高出室外地面150 mm;办公用房室内净高不应小于2.5 m。

1.6.1 办公室

(1)办公室门前设置门牌,办公室的人均使用面积不宜小于4 m^2。

(2)项目经理办公室(见图3-11)应单独设置,集中办公室如图3-12所示。

(3)办公室内适当位置处设置包括项目经理、技术负责人、施工员、安全员、资料员等岗位职责及安全目标管理、隐患排查管理、事故报告流程等安全生产管理制度。

(4)制度牌尺寸可采用600 mm(宽)×800 mm(高),材质采用铝制板材、PVC板、亚克力或其他材质。

图3-11 项目经理办公室

图3-12 集中办公室

1.6.2 会议室

(1)会议室大小根据项目部最大与会人数确定,会议室使用面积不宜小于30 m^2。

(2)会议室根据情况设置会议室背景墙,宽高比例宜为3:2,采用喷绘或写真工艺制作。

(3)会议室张贴工程概况、安全管理网络图及相关安全管理制度。

1.7 宿舍

(1)在建工程、库房等不得兼作宿舍。

(2)宿舍内应保证必要的生活空间,职工宿舍(见图3-13)室内净高不得低于2.5 m,通道宽度不得小于0.9 m,人均居住面积不应小于2.5 m^2,每间宿舍居住人员不得超过16人。

(3)施工现场生活区宿舍、休息室必须设置可开启式外窗,床铺不应超过2层,不得使用通铺。

(4)宿舍内应设置生活用品专柜,并配置电扇或空调等降温取暖设备。

(5)宿舍管理制度、卫生值日表、宿舍负责人标牌应上墙,保证宿舍内生活物品堆放整齐,室内干净整洁。

(6)宿舍应根据实际情况设置电源插座,禁止乱拉乱接。

(7)定期检查宿舍卫生及用电安全,禁止宿舍内使用大功率电器设备。

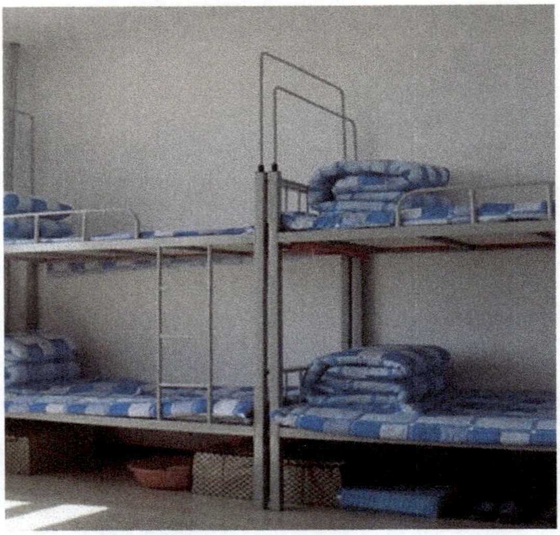

图 3-13　职工宿舍

1.8　厨房、食堂

(1)食堂与卫生间、垃圾站等污染源的距离不宜小于 15 m,且不应设在污染源的下风向。

(2)食堂应采用单层结构,设置独立的操作间、售菜(饭)间、储藏间和燃气罐存放间,并根据火灾类型配备相应的消防设施。

(3)食堂内卫生环境必须符合有关要求,食堂须有餐饮服务许可证,炊事人员须持有健康证,并穿戴白色工作服、工作帽、口罩。

(4)操作间的刀、盆、案板等炊具必须生熟分开存放、使用,有防蝇、防鼠措施。操作间应设置冲洗池、清洗池、消毒池、隔油池;地面应做硬化和防滑处理。食堂应配备机械排风和消毒设施(见图 3-14)。

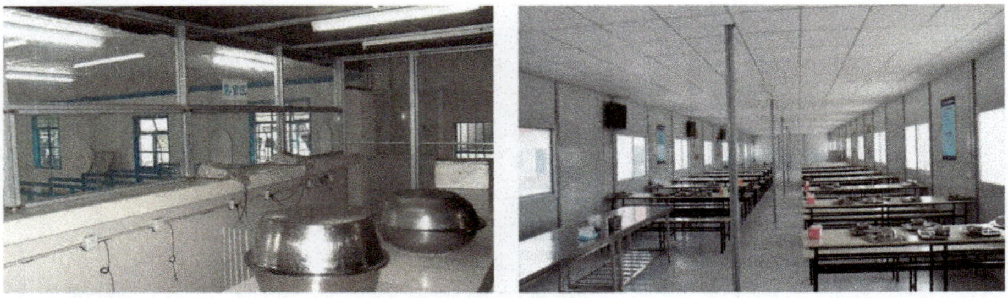

图 3-14　厨房及食堂

(5)生活饮用水应符合国家饮用水标准。固定盛水容器应上锁,设专人管理。

(6)食堂规模应与用餐人数相适应,食堂内空间应宽敞,餐桌过道应满足人员通行要求。

(7)食堂应有健全的生活卫生和预防食物中毒的管理制度。食堂地面应铺设地板砖,配备餐桌、灭蚊灯等设施,墙上粘贴安全宣传画、食品卫生安全、节水、节粮等方面的提示或图片等。

1.9　卫生间、盥洗室、浴室

1.9.1　卫生间

(1)卫生间应根据当地风向设在下风侧为宜。现场可根据实际情况设置固定水冲式卫生间(见图 3-15)或移动式卫生间(见图 3-16)。

图 3-15　固定水冲式卫生间

图 3-16　移动式卫生间

(2)卫生间的厕位设置应满足男厕每 50 人、女厕每 25 人设 1 个蹲便器,男厕每 50 人设 1 m 长小便槽的要求。蹲便器间距不应小于 900 mm,蹲位之间宜设置隔板,隔板高度不宜低于 900 mm。冲厕用水应尽可能使用回收利用的废水。

(3)卫生间的地面应做防滑处理。卫生间应专人负责,定时进行清扫、冲刷、消毒,防止蚊蝇滋生,化粪池应及时清淘。

1.9.2　盥洗室

盥洗室(见图 3-17)应设置盥洗池和水嘴。水嘴与员工的比例宜为 1∶20,水嘴间距不宜小于 700 mm。地面应做防滑处理。

1.9.3　浴室

(1)浴室(见图 3-18)应保证冷热水供应充足,浴室排水、通风应良好。

图 3-17　盥洗室

图 3-18　浴室

(2)浴室的淋浴喷头与员工的比例宜为 1∶20,淋浴喷头间距不宜小于 1 000 mm。

(3)浴室设置储衣柜或挂衣架。浴室的地面应做防滑处理。

1.10 医疗室

应在办公室或门岗值班室内设置医疗药箱(见图3-19),药箱内配备感冒药、止血药、止疼药、绷带等药品。

定期检查药箱内药品的有效期限,发现过期的应及时更换。

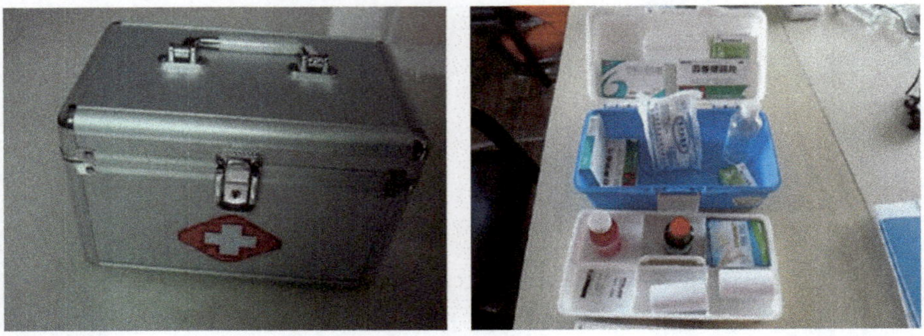

图3-19 医疗药箱

1.11 消防设施

施工单位应建立健全消防责任制和管理制度,配备相应的消防设施,经常性的开展消防培训和演练。

(1)场区、生产区内宿舍、厨房及食堂、材料加工厂、物料堆场,以及供风、供水、供电系统和重要的设备旁均应配有足够的灭火器材等消防设施设备,并在消防器材附近贴上醒目的警示标志,建立消防设施设备台账,安排专人定期进行检查。

(2)根据施工防火安全的需要,合理布置消防通道和各种防火标志。消防通道应保持畅通,任何情况下不允许被占用,消防通道宽度不应小于3.5 m。

2 生产区标准化

2.1 工地大门

(1)在进入施工现场主要交通道路的合适位置设置工地大门,大门整体建议为蓝色,材质选用混凝土或钢结构外包铁皮,横眉上写施工单位名称、项目名称,两侧设置安全标语。

(2)工地大门以不影响现场交通为准,门洞尺寸建议不小于6 m×5 m,大门两侧门柱尺寸为1 m×0.6 m,上设横眉10 m×1 m。工地大门结构如图3-20所示。

2.2 围挡

(1)施工现场应采用围挡实行封闭管理。围挡可选用彩钢板、硬质材料、围栏等搭设,保证施工人员和周边行人的安全。围挡可涂刷企业名称和标志或者张贴相关安全管

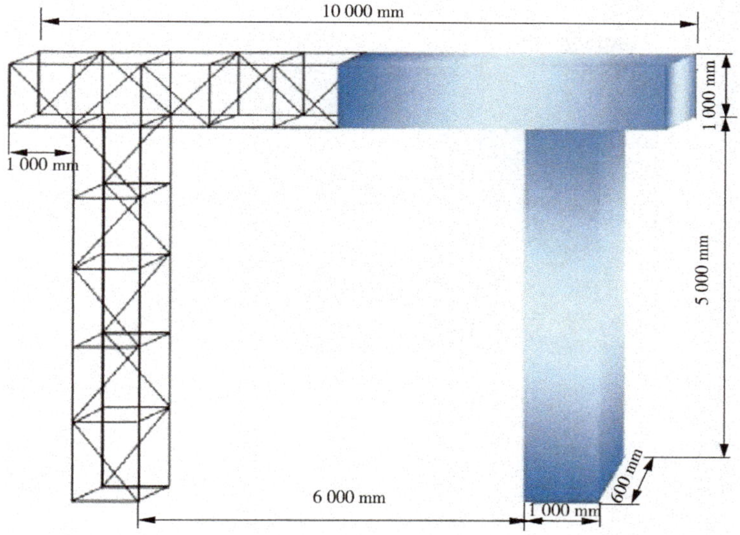

图 3-20　工地大门结构

理宣传标语、图画。

(2)市区主要路段的施工现场围挡高度不应低于 2.5 m,一般路段围挡高度不应低于 1.8 m,围挡应牢固、稳定、整洁。

(3)市区内或靠近主要交通道路,靠近房屋建筑或其他建筑设施附近应参考市政施工或地铁施工围挡。围挡采用 50 mm 厚夹芯板制作,底座基础为 500 mm 混凝土浇筑。围挡尺寸见图 3-21,围挡实物见图 3-22。

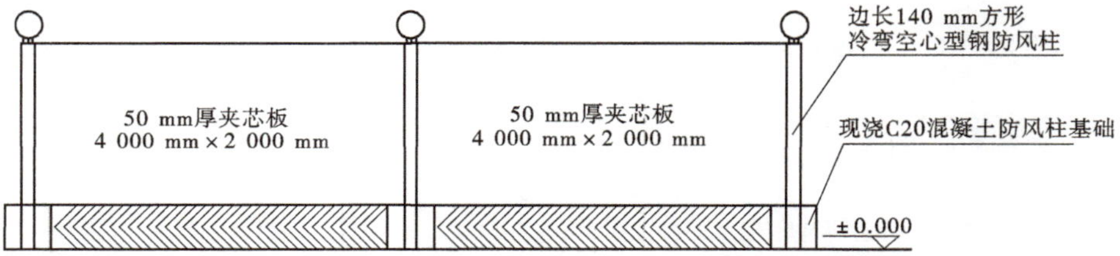

图 3-21　围挡尺寸

(4)市区以外道路设置斜撑围挡(见图 3-23、图 3-24)。斜撑与水平地面的夹角不大于 60°。围挡应设置立柱,立柱的间距不宜大于 4 m。横梁与立柱之间应采用螺栓可靠连接。

(5)临时场地应采用金属绿网栅栏围护(见图 3-25),栅栏高度大于或等于 1.5 m。

2.3　场内交通

施工生产区内机动车辆临时道路应符合下列规定:

(1)施工现场的主要道路及材料加工区地面应进行硬化处理。

(2)道路纵坡不宜大于 8%,进入基坑等特殊部位的个别短距离地段最大纵坡不得超

图 3-22　围挡实物

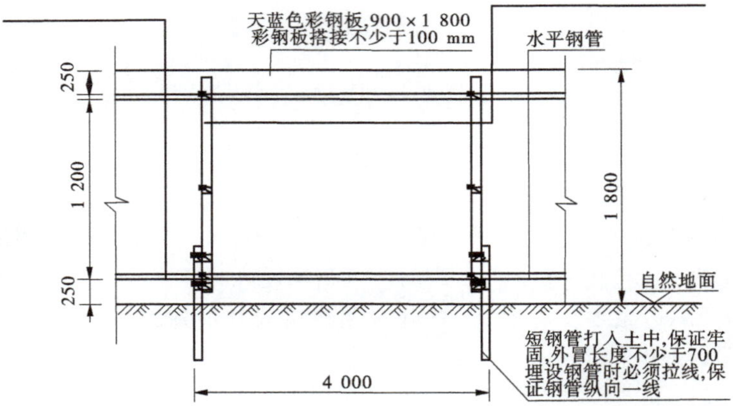

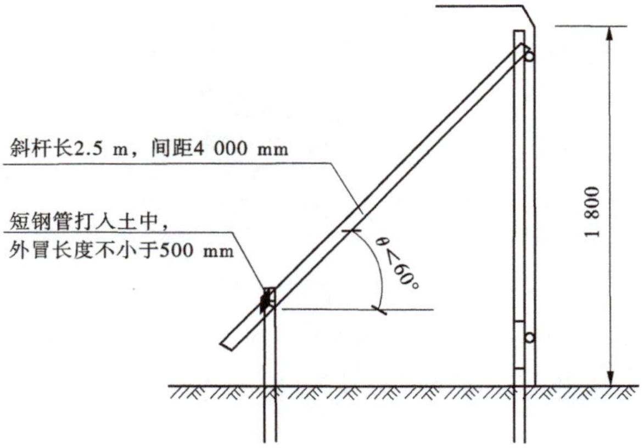

图 3-23　斜撑围挡尺寸　(单位:mm)

过 15%,道路最小转弯半径不得小于 15 m。

(3)宽度不得小于施工车辆宽度的 1.5 倍,且双车道路面宽度不得小于 7.0 m,单车道路面宽度不得小于 4.0 m,单车道在可视范围内应设有会车位置。

(4)在项目入口及主要限速路段设置减速提示线、限速标志(见图 3-26、图 3-27)。在

图3-24 斜撑围挡实物

图3-25 栅栏围护

急转、陡坡等危险路段及岔路、涵洞口应设有相应警示标志，警示标志见表2-13。

(5)在道路临水、临空边缘处设置安全墩(见图3-28)。安全墩采用混凝土配筋修筑，表面涂刷红白相间斜条纹。

(6)在急弯道路设置凸镜(见图3-29)。

图3-26 减速提示线

图3-27 限速标志

图 3-28　安全墩

图 3-29　凸镜

施工现场临时性桥梁(见图 3-30)应根据桥梁的用途、承重荷载和相应技术规范进行设计修建,并符合以下要求:

图 3-30　临时性桥梁

(1)宽度应不小于施工车辆最大宽度的 1.5 倍。

(2)人行道宽度应不小于 1.0 m,并应设置防护栏杆。

施工现场架设临时性跨越沟槽的便桥和边坡栈桥(见图 3-31),应符合以下要求:

(1)基础稳固、平坦畅通。

(2)人行便桥、栈桥宽度不应小于 1.2 m。

(3)手推车便桥、栈桥宽度不应小于 1.5 m。

(4)机动翻斗车便桥、栈桥应根据荷载进行设计与施工,其最小宽度不应小于 2.5 m。

(5)按规定要求设置防护栏杆。

2.4　五牌两图

(1)“五牌两图”配置在场区的主要通道入口适当位置处,不得妨碍施工。

(2)“五牌两图”为工程概况牌、管理人员名单及监督电话牌、消防保卫牌、文明施工牌、安全生产牌及安全生产管理网络图、施工现场平面图。

(3)“五牌两图” 具体尺寸及形式结合现场场地情况设置,不得小于 1 000 mm ×

图 3-31 边坡栈桥

1 600 mm,安装下边缘距离地面不小于 800 mm,地下埋深 0.4 ~ 0.6 m。

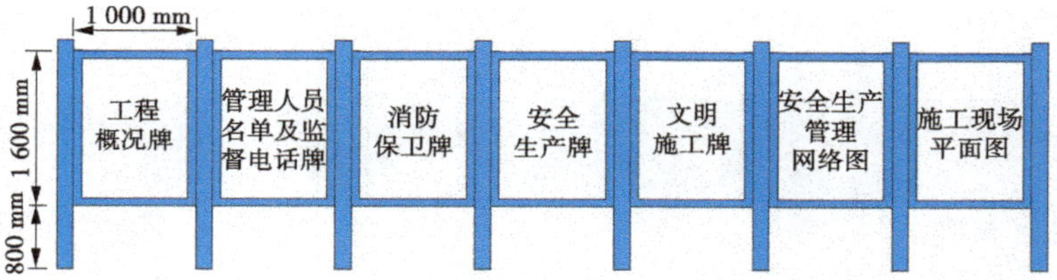

图 3-32 施工现场“五牌两图”

2.5 物资仓库

(1)物资仓库宜采用集装箱房或搭设彩钢瓦临时用房。大门上方安装仓库名称标识牌,张贴“严禁烟火”“禁止进入”等警示标志。库房配备足够的灭火器材。物资仓库见图 3-33。

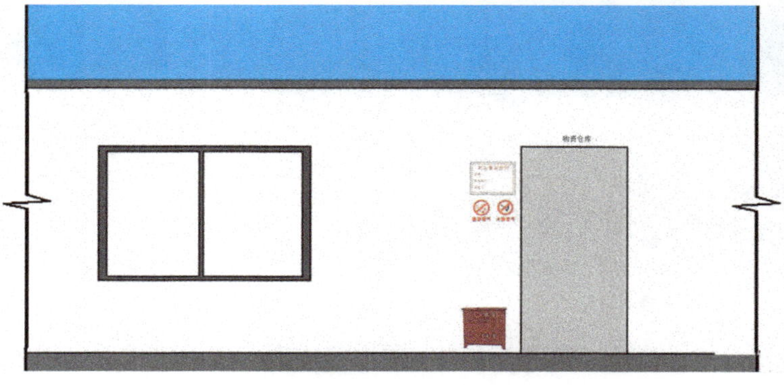

图 3-33 物资仓库

(2)物资仓库配置统一规格货架,货架上的材料分类整齐码放并有明细标识。

(3)物资仓库内物资有详细的台账,包括进库台账、出库台账等。

2.6 材料加工棚

(1)施工现场应设置用于材料加工的加工棚,可选用钢结构或其他合适材料搭设。加工场地地面需硬化,宜选用混凝土地面。

(2)加工棚内醒目位置悬挂所有设备的安全操作规程和加工棚内的危险源告知牌。加工棚示意图见图2-62、图2-63。

(3)加工棚与其他设施、建筑之间应有不小于20 m的安全防火距离,加工棚内应配备足够的灭火器。加工棚作业场所内禁止使用明火和吸烟,并在明显位置张贴安全警示标志。

(4)进入加工棚内的工人应穿戴符合规定的劳动防护用品方可作业。

2.7 物料堆放

(1)材料堆放场地应做硬化处理,并保持排水畅通。场区、生产区堆放的各类材料,应分别按规定设置相应的物品标志牌,并按规定的区域或位置合理实施分类堆放(见图3-34)。

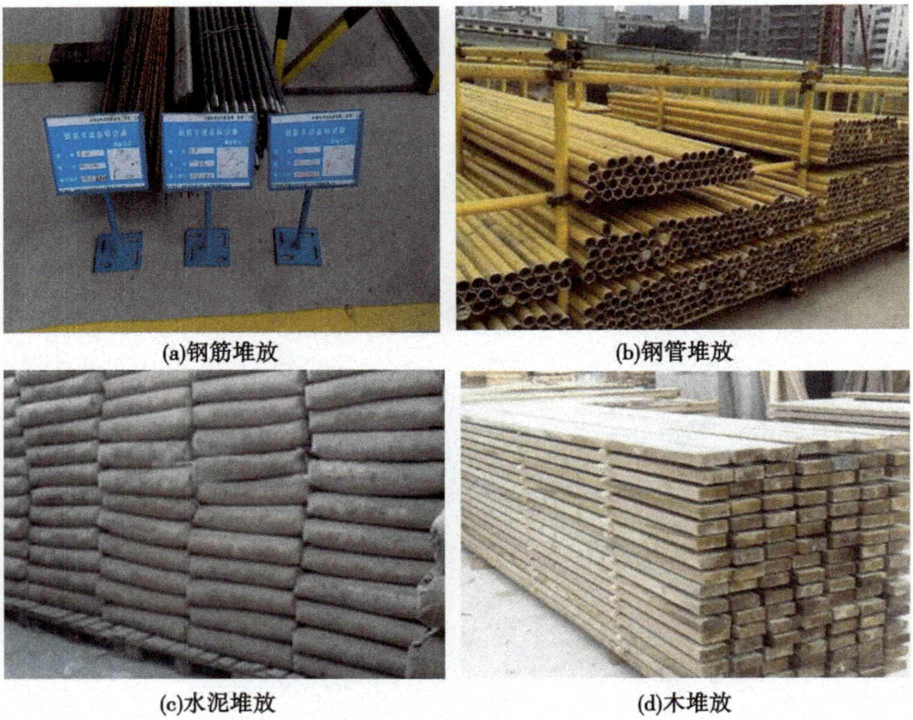

(a)钢筋堆放　(b)钢管堆放

(c)水泥堆放　(d)木堆放

图3-34　物料堆放示意图

(2)各类材料堆放要求如下:

①水泥、砖码堆放高度<1.5 m;

②钢筋线材堆放高度<3捆,半成品堆放高度<1.2 m,条形钢筋堆放高度<800 mm;

③给排水管材堆放高度<800 mm,两侧宜用U形架托;

④$\phi 48\times 3.5$ 类钢管按长度分类堆放或一头对齐堆放，高度 <80 mm；

⑤钢管扣件集中堆放在特制的箱体（木质或铁质）内；

⑥模板和楞木按规格堆放或单边对齐堆放，高度 <1.5 m，钢制大模板存放角度控制在 70°～80°；

⑦易燃材料宜存放于库房内，库房内应通风良好并配备消防设施。

2.8　班前教育讲台

（1）场区、生产区应配备班前教育讲台（见图 3-35），用于管理人员对作业人员进行安全技术交底和班前安全教育。

（2）讲台参考尺寸：2.4 m×1.2 m×0.3 m，视现场情况而定，可选用水泥或不锈钢。

（3）背景宣传板参考尺寸：4 m×2.4 m，材质为铝塑板或镀锌铁板，宣传板上张贴与安全生产相关的图标及标语。

图 3-35　班前教育讲台

2.9　应急救援设施

在作业区应配备急救箱、担架、安全带、安全绳等应急救援专用设备和设施工具（见图 3-36、图 3-37）。急救箱的配备应以简单和适用为原则，满足现场急救的基本需要，并可根据不同情况予以增减，定期检查补充，确保随时可供急救使用。

图 3-36　应急救援设备、设施

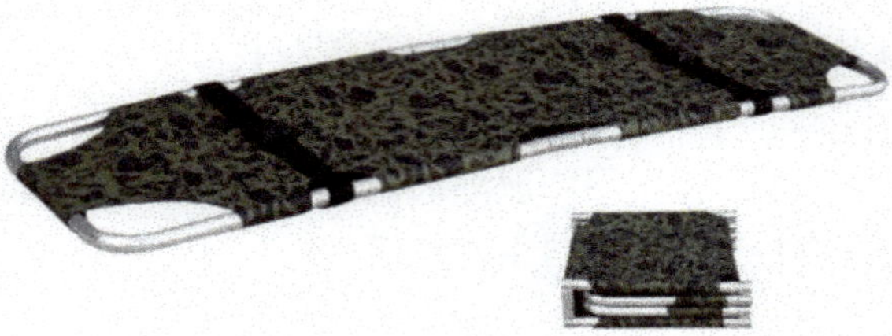

图 3-37　担架

3　环境保护

(1)施工现场应建立环境保护、环境卫生管理和检查制度,并应做好检查记录。

(2)办公区、生活区应设密闭式垃圾桶(见图 3-38)、隔油池、化粪池,临时设施周边道路应平整、清洁。

(3)施工现场土方作业应采取防治扬尘措施。裸露的场地和集中堆放的土方应采取覆盖(见图 3-39)、固化或绿化等措施。进行土方、渣土和施工垃圾运输应采用密闭式运输车辆或采取覆盖措施;施工现场出入口处应采取保证车辆清洁的措施。施工现场应配备洒水车,每天定时对临时裸露、未固化的场地等易扬尘的区域进行洒水降尘。

(4)施工现场的材料和大模板等存放场地应平整坚实。水泥和其他易飞扬的细颗粒建筑材料应密闭存放或采取覆盖等措施。施工现场混凝土搅拌场所应采取封闭、降尘措施。

(5)工地内道路两侧、落地式脚手架基础周边、临时设施周边、钢筋加工场周边,混凝土搅拌机和砂浆机等处应设置排水沟。各区的排水沟应连通形成排水系统。

(6)施工现场存放的油料和化学溶剂等物品应设有专门的库房,地面应做防渗漏处理。废弃的油料和化学溶剂应集中处理,不得随意倾倒。

图 3-38　密闭式垃圾桶

图 3-39　土方覆盖

第4章 安全施工标准化

1　施工用电

1.1　基本要求

(1)施工单位应编制施工临时用电方案及安全技术措施。

(2)施工现场临时用电设备在 5 台及以上或者设备总容量在 50 kW 及以上时,应编制用电组织设计。

(3)临时用电组织设计及变更时,必须履行“编制、审核、批准”程序,由电气工程技术人员组织编制,经相关部门审核及具有法人资格企业的技术负责人批准后实施。变更用电组织设计时应补充有关图纸资料。

(4)临时用电工程必须经编制、审核、批准部门和使用单位共同验收,合格后方可投入使用。

临时用电组织设计主要内容见图 4-1。

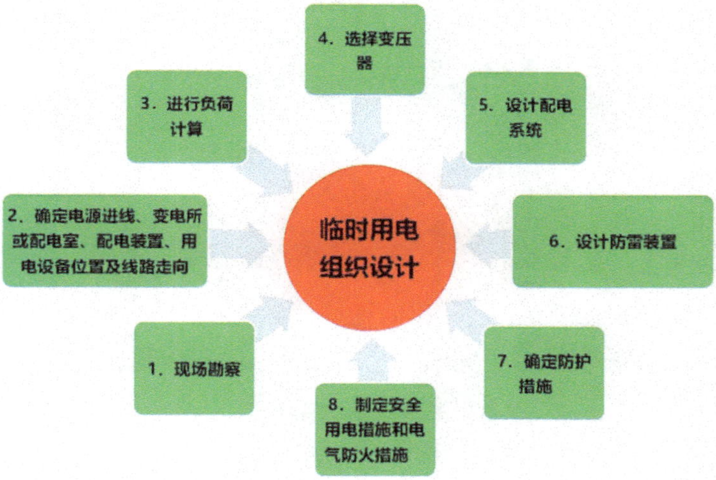

图 4-1　临时用电组织设计主要内容

1.2　变压器

(1)施工中用的 10 kV 级以下的变压器装于地面时,应有 0.5 m 的高台,高台的周围应装设防护栅栏(见图 4-2),其高度不应低于 1.7 m,栅栏与变压器外廓应留有不小于 1 m 的巡视或检修通道。

(2)杆式变压器(见图 4-3)安装的高度不应低于 2.5 m,并挂“止步、高压危险”的警示标志。变压器的引线应采用绝缘导线。

(3)变压器外壳应有可靠的保护接地。装有成套仪表和继电器的屏柜、箱门,应与壳体进行可靠电气连接。

(4)变电站的进出采用电缆线,所有的进出线电缆孔应封堵。

图 4-2　变压器防护栅栏

图 4-3　杆式变压器

(5)变压器基础所留设通风孔应能防止小动物进入。

1.3　配电室

(1)一级总配电箱处应设置配电室(见图 4-4),配电室应靠近电源。配电室应能自然通风,并应采取防止雨雪侵入和动物进入的措施。

(2)建筑物和构筑物的耐火等级不低于 3 级,配置可用于扑灭电气火灾的灭火器。

(3)配电室的照明分别设置正常照明和事故照明。配电室外设置“严禁烟火”“有电危险”等警示标志。配电室的布置见图 4-5。

1.4　配电箱及开关箱

(1)配电系统应设置配电柜或总配电箱、分配电箱、开关箱(见图 4-6),实行三级配电、两级保护(见图 4-7)。

图 4-4　配电室

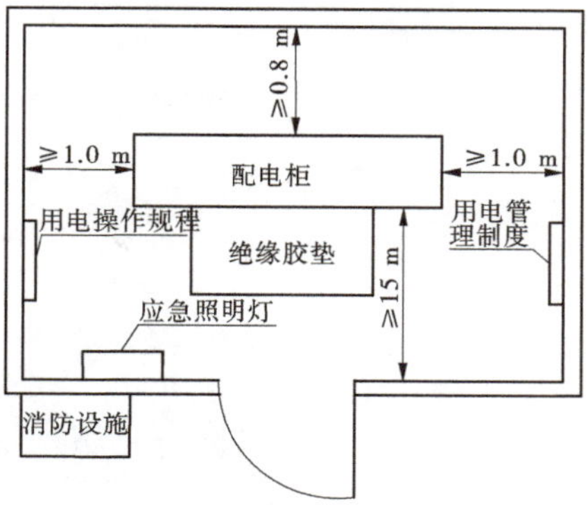

图 4-5　配电室的平面布置

(a)总配电箱

(b)分配电箱

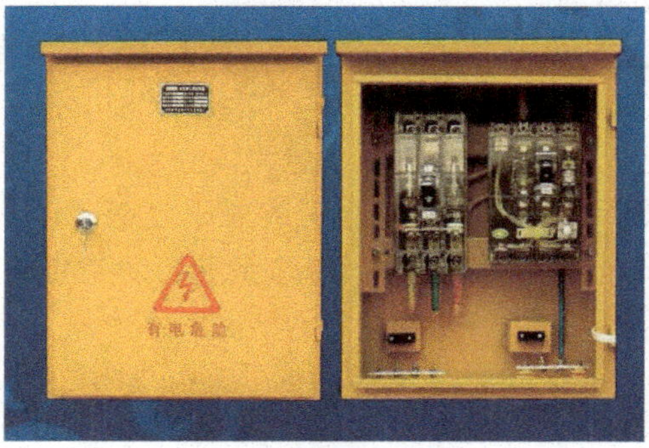

(c)开关箱

图 4-6　总配电箱、分配电箱、开关箱

(2)总配电箱应设置总隔离开关和分路隔离开关、总熔断器和分路熔断器。总配电箱应装设电压表、总电流表、总电度表及其他仪表。

(3)三级开关箱内应按“一机、一闸、一漏、一箱”的原则设置。

(4)二级配电箱、开关箱应设置配电箱防护棚(见图 4-8)。固定式配电箱、开关箱的下底与地面的垂直距离为 1.3～1.5 m。

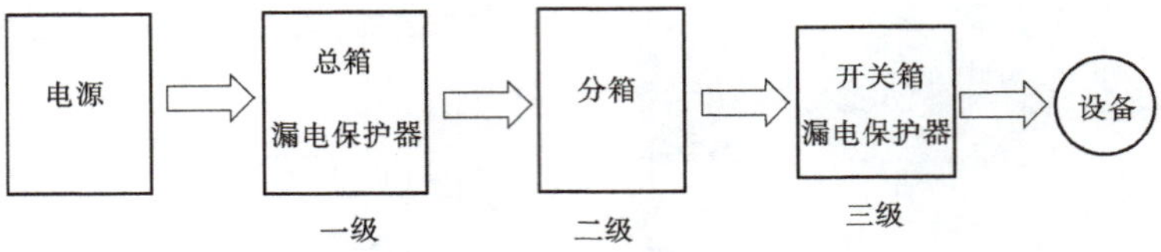

图 4-7　三级配电、两级保护示意图

图 4-8　配电箱防护棚

(5)移动式配电箱应装设在坚固、稳定的钢支架上,与地面锚固。移动式分配箱、开关箱的下底与地面的垂直距离为 0.6 ~ 1.5 m。

(6)总配电箱应设在离电源较近的区域,分配电箱应设在用电设备或负荷相对集中的区域,分配电箱与开关箱的距离不得超过 30 m,开关箱与其控制的固定式用电设备的水平距离不宜超过 3 m。

(7)配电箱、开关箱的金属箱体、金属电器安装板以及电器正常不带电的金属底座、外壳等必须通过 PE 线端子板与 PE 线做电气连接,金属箱门与金属箱必须通过采用编织软铜线做电气连接。

(8)配电箱、开关箱应在箱子内侧粘贴电路系统图,外侧应标明名称、用途、分路标记,并定期检查、维修。

1.5　配电线路

(1)电缆线必须采用五芯电缆,淡蓝色芯线必须用作 N 线,绿/黄双色芯线必须用作 PE 线,严禁混用。

(2)电缆线路应采用埋地或架空敷设,严禁沿地面明设。

(3)电缆线直接埋地敷设的深度不应小于 0.7 m,并应在电缆紧邻上下左右侧均匀敷设不小于 50 mm 厚的细砂,然后覆盖砖或混凝土板等硬质保护层(见图 4-9)。

(4)电缆在穿越建筑物、构筑物、道路、易受机械损伤、介质腐蚀场所及引出地面从

2.0 m 高到地下 0.2 m 处，必须加设防护套管（见图 4-10）。

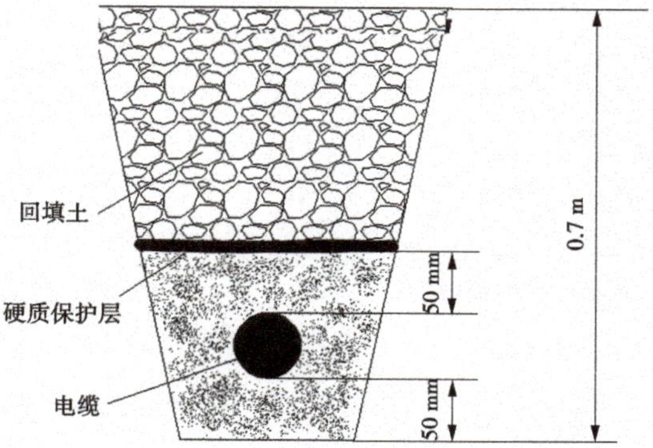

图 4-9　直埋电缆

图 4-10　引出地面电缆设套管保护

（5）架空线必须采用绝缘导线，架空电缆应沿电线杆、支架或墙壁敷设（见图 4-11 ~ 图 4-13），并采用绝缘子固定，绑扎线必须采用绝缘线，敷设高度应符合架空线路敷设高度的要求，沿墙壁敷设时最大弧垂距地不得小于 2.0 m。架空电缆必须架设在专用电杆上，严禁沿脚手架、树木或其他设施敷设。

图 4-11　电缆架空敷设

（6）在建工程不得在外电架空线路正下方施工、搭设作业棚、建造生活设施或堆放构件、架具、材料及其他杂物等。

图 4-12　电缆线沿支架敷设

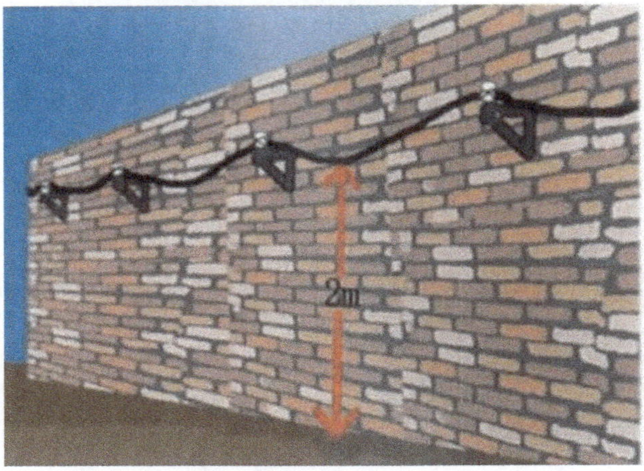

图 4-13　电缆线沿墙壁敷设

1.6　现场照明

1.6.1　一般场所照明

(1)现场一般作业场所照明宜选用额定电压为 220 V。

(2)现场照明应采用高光效、长寿命的照明光源。对大面积照明的场所,应采用高压汞光灯、高压钠灯或混光用的卤钨灯等。

(3)室外 220 V 灯具距地面不得低于 3 m,室内 220 V 灯具距地不得低于 2.5 m。普通灯具与易燃物距离不宜小于 300 mm;聚光灯、碘钨灯等高热灯具与易燃物距离不宜小于 500 mm,且不得直接照射易燃物。达不到规定安全距离时,应采取隔热措施。

(4)照明系统宜使三相负荷平衡,其中每一单相回路上,灯具和插座数量不宜超过 25 个,负荷电流不宜超过 15 A。

(5)推荐现场照明根据施工实际情况选用节能型照明灯具。

1.6.2　特殊场所照明

(1)隧道、高温、有导电灰尘、比较潮湿或灯具离地面高度低于 2.5 m 等场所的照明,电源电压不应大于 36 V。

(2)潮湿和易触及带电体场所的照明,电源电压不得大于 24 V。

(3)特别潮湿场所、导电良好的地面、锅炉或金属容器内的照明,电源电压不得大于 12 V。

(4)照明变压器必须使用双绕组型安全隔离变压器,严禁使用自耦变压器。

1.6.3　照明器选用要求

(1)照明灯具的金属外壳必须与 PE 线相连接,照明开关箱内必须装设隔离开关、短路与过载保护电器和漏电保护器。

(2)照明器的选择必须按下列环境条件确定:

①正常湿度一般场所,选用开启式照明器;

②潮湿或特别潮湿场所,选用密闭型防水照明器或配有防水灯头的开启式照明器;

③含有大量尘埃但无爆炸和火灾危险的场所,选用防尘型照明器;

④有爆炸和火灾危险的场所,按危险场所等级选用防爆型照明器;

⑤存在较强振动的场所,选用防振型照明器;

⑥有酸碱等强腐蚀介质的场所,选用耐酸碱型照明器。

(3)使用行灯应符合下列要求:

①电源电压不大于 36 V;

②灯体与手柄应坚固、绝缘良好并耐热、耐潮湿;

③灯头与灯体结合牢固,灯头无开关;

④灯泡外部有金属保护网;

⑤金属网、反光罩、悬吊挂钩固定在灯具的绝缘部位上。

移动式照明行灯结构如图 4-14 所示。

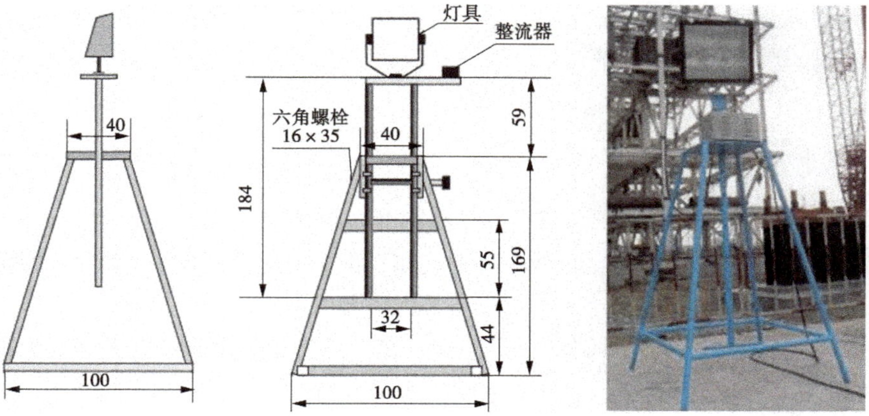

图 4-14　移动式照明行灯结构　(单位:mm)

2　施工供风

(1)空压机站应远离爆炸性、产生粉尘的场所和生活区,并做好防火、防洪、防高温等各项措施,空压机房内应配有灭火器等消防器材。空压机房醒目位置应设置"严禁烟火""噪声职业危害告知""必须佩戴耳塞"等警示标志。

(2)机组之间应有足够的宽度,不宜小于2.5～3 m,机组的一侧与墙之间的距离不应小于2.5 m,另一侧应有宽敞的空地。

(3)空压机房的维修平台和电动机地坑的周围设置防护栏杆,栏杆下部应有防护网,地沟铺设盖板,并悬挂"当心坠落"等警示标志。

(4)空压机冷却池周围应设防护栏杆。栏杆上应悬挂"压力设备,严禁碰撞"等警示标志牌。

(5)供风管道应布设在道路、设施的边缘,通过滚石、塌方等区域时,应埋设或设置防护墙,并在埋设供风管路附近设立"地下有风管,禁止碾压""内有风管,禁止碰撞"等警示标志牌。

(6)在隧洞内布设空压机风管时,应靠边、靠墙、靠地。在洞室内的通风风管应布置在洞顶或洞壁高处。

3　施工供水、排水

3.1　供水

(1)蓄水池应基础稳固,不漏水,有良好的排污清理设施,在寒冷地区应有防冻措施,水池上设有人行通道并设安全防护装置,用于生活专用的水池必须加设防污染顶盖。

(2)供水管道布设在滚石、塌方区域时,应采用地下埋设或设置防护墙,并在供水管路上适当位置设置"地下有水管,禁止碾压""内有水管,禁止碰撞"等警示标志牌。

(3)供水管道布置在隧洞内时,应靠墙边、地脚,大型供水管道布置在隧洞内时,应用钢架或砖砌墩支撑供水管路,尽量靠墙布置,并张贴"供水管路,禁止碰撞"等警示标志牌。

3.2　排水

(1)施工区域排水系统应进行规划设计,并按照工程所在地的气象、地形、地质、降水量等情况,以及工程规模、排水时段等,确定相应的设计标准,作为施工排水规划设计的基本依据。

(2)应考虑施工场地和道路的排水量、外界的渗水量,配备相应的排水设施和备用设施。

(3)排水系统设备供电应有独立的动力电源(尤其是洞内排水),必要时应有备用电源。

(4)施工排水系统的设备、设施等安装完成后,应分别按相关规定逐一进行检查验收,合格后方可投入使用。

(5)排水系统的机械、电气设备应定期进行检查维护、保养,排水沟、集水井等设施应经常进行清淤与维护,排水系统应保持畅通。

(6)地下工程施工期间产生的废水和山体渗水,应经沉淀后排出。

4　场内运输

4.1　水平运输

4.1.1　安全设施

场内运输道路应设置的安全设施有:

(1)在急弯、陡坡等危险路段右侧应设有相应警告标志,岔路、施工生产场所设有指路标志。

(2)高边坡路临空边缘应设有安全墩挡墙及反光警告标志。

(3)对限速有要求的特殊路段设立限速标志。

(4)在公路桥、索桥两端按相关规范设立限速、限制吨位、保持车距标示牌,在禁止双车通行的桥头设"禁止双车通行"标志牌。

(5)在桥两边设防护墩。

4.1.2　机动车辆规定

机动车辆应符合下列规定:

(1)工程车外观颜色应鲜明醒目、整洁,应在车身张贴反光贴(见图4-15)。车辆制动、方向、灯光、音响等装置良好、可靠,经政府车检部门检测合格,并按规定配备相应足量的消防器材。

图4-15　反光贴工程车

(2)水泥罐车应密封性良好,不得泄露。

(3)特种车辆按国家规定配备安全设施,涂有明显颜色标志。

(4)车辆在施工区域行驶时,时速不得超过15 km,隧洞内时速不超过8 km,在会车、弯道、险坡段时速不得超过5 km。

(5)自卸车向低洼地区卸料时,后轮与坑边应保持适当安全距离。在陡坎处向下卸料时,应设置牢固的挡车装置,其高度应不低于车轮外线直径的1/3,长度不小于车辆后轴两侧外轮边缘间距的2倍,同时应设专人指挥,夜间设红灯。

4.1.3 轨道机车轨道规定

隧洞内轨道机车轨道应符合下列规定:

(1)机车轨道的端部应设有钢轨车挡(见图4-16),高度不低于机车轮的半径,并设有红色警报信号灯。

图4-16 钢轨车挡

(2)机车轨道的外侧应设有宽度不小于0.6 m的人行通道,人行通道为高处通道时,临空边应设置防护栏杆。

(3)机车轨道与场内道路、人行通道、交通频繁的道口等的交叉路口应悬挂“危险”或“禁止通行”等明显的警示标志,夜间应设红灯示警,或设专人值班监护,应设移动式落地杆等装置防护。

4.2 垂直运输

4.2.1 门机、塔机

(1)门机、塔机安装运行时,应设有扫轨板和夹轨器(见图4-17),扫轨板距轨道面不高于10 mm。

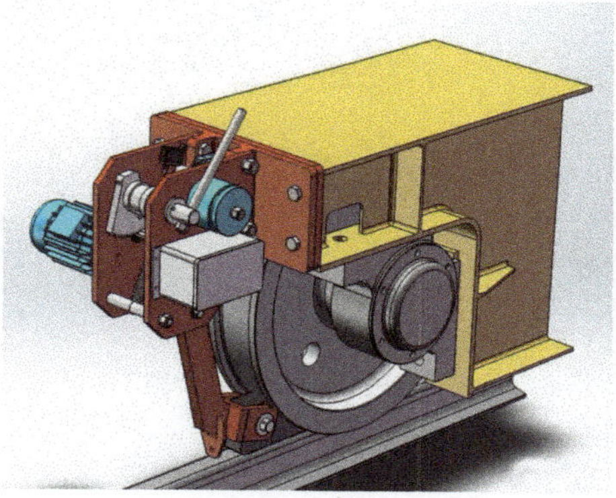

图4-17 夹轨器

(2)门机、塔机轨道及机上任何一点的接地电阻应不大于4 Ω。露天布置时,应有可靠的避雷装置,避雷接地电阻应不大于30 Ω。

(3)门机、塔机应设有可靠的电缆自动卷线装置。

(4)门机、塔机最高点及臂端应装有红色障碍警示灯和警告标志(见图4-18)。

(5)门机、塔机应配有可靠的通信、音响设备以及警铃、警灯等信号装置。

图 4-18　设置扫轨板、警示灯、警示标志

(6)门机、塔机作业地点应有足够的照明设施和畅通的吊运通道。

(7)露天作业时,门机、塔机的电器设备应有良好的防雨措施。

4.2.2　卷扬机

(1)竖井施工所用卷扬机应搭设操作棚,在棚醒目位置悬挂"操作规程"和"操作注意事项""限载总量"标志牌,并悬挂"禁止载人"警示牌(见图 4-19)。

图 4-19　竖井设置围栏及警示标志

(2)进出吊篮所设的平台应铺满脚手板,使其不会掉下施工器具、材料及其他杂物。平台周围设防护栏杆,在竖井围栏醒目处悬挂"竖井施工,禁止抛物"标志牌。平台设有供施工人员进出吊篮的水平拉门,并设有可靠的锁紧装置。

(3)在主绳两侧设吊笼导索和与其相应的防止钢丝绳断裂或卷扬机失控的自动锁紧装置。

(4)提升作业应符合下列规定:

①提升钢丝绳安全系数应大于8,并应随时检查钢丝绳有无断股及损坏。

②检查提升系统(钢丝绳、吊钩、吊环等)牢固程度,连接部件的安全系数应大于8。

(5)提升用的钢丝绳应每天检查一次,每隔6个月试验一次。断丝的面积与钢丝绳总面积之比,升降物料用的应小于10%,升降人员用的不应有断丝。提升及制动钢丝绳直径减小不应超过10%,其他用途钢丝绳直径减小不应超过15%。

(6)卷扬机操作人员和井内作业负责人应配备通信设施,随时保持通信畅通。

4.2.3 其他起重机

(1)起重机械设备移动轨道应符合下列规定:

①距轨道终端3 m处应设置高度不小于行车轮半径的极限位移阻挡装置,设置警告标志。

②轨道的外侧应设置宽度不小于0.5 m的走道,走道平整满铺。当走道为高处通道时,应设置防护栏杆。

③轨道外侧应设置排水沟。

(2)起重机械安装运行应符合下列规定:

①起重机械应配备荷载、变幅等指示装置和荷载、力矩、高度、行程等限位、限制及连锁装置。

②司机操作室内应防风、防雨、防晒、视线良好,地板铺有绝缘垫层。

③设有专用起吊作业照明和运行操作警告灯光音响信号。

④露天工作起重机械的电气设备应装有防雨罩。

⑤吊钩、行走部分及设备四周应有警告标志和涂有警示色标。

(3)在进行起重机械安装、检修和拆除时,应设专门的人行通道,安装、检修和拆除区域应设置临时防护栏,并悬挂“在此工作”“当心高空坠物”“安装区域闲人免进”标志牌。

起重机吊装安全警戒如图4-20所示。

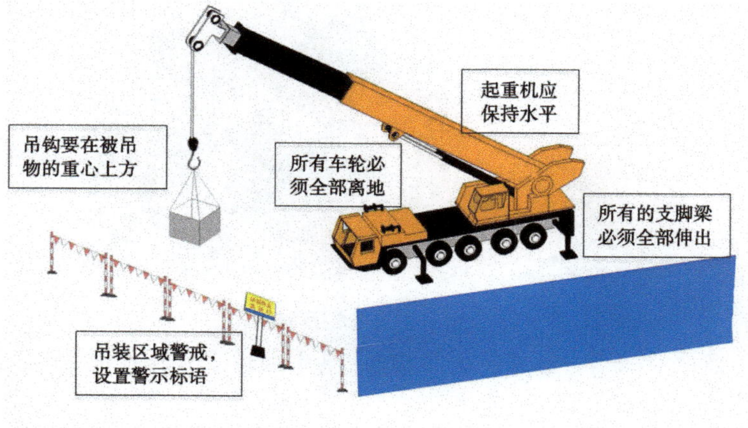

图4-20 起重机吊装安全警戒

5　脚手架

(1)脚手架应根据施工荷载经设计计算确定,其中常规荷载不得小于 2.70 kPa。高度超过 25 m 和特殊部位使用的脚手架,应专门设计,履行相关审批手续并进行技术交底后方可组织实施。施工单位应建立脚手架验收、使用和拆除等管理制度。

(2)脚手架的钢管外径应为 48.3 mm,壁厚 3.6 mm。钢管及扣件应有出厂合格证,不得有裂纹、气孔、砂眼、变形滑丝;钢管无锈蚀脱层、裂纹与严重凹陷。搭接长度不小于 1 m,不少于 2 只扣件。脚手架搭接方法如图 4-21 所示。

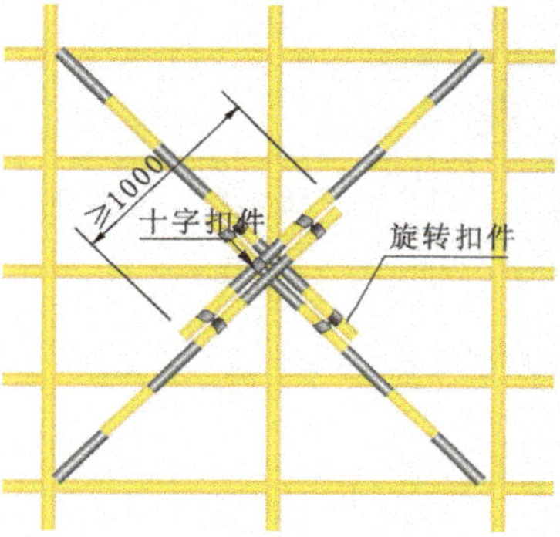

图 4-21　**脚手架搭接方法**　(单位:mm)

(3)脚手架应夯实基础,立杆下部架设垫板。立杆间距不大于 2 m,大横杆间距不大于 1.2 m,小横杆间距不大于 1.5 m,底脚扫地杆、水平横杆离地面距离不大于 30 cm。脚手架四周应设置排水沟(见图 4-22),应采取有组织的排水方式。

图 4-22　**脚手架立杆基础及排水沟**

(4)走道脚手架应铺牢固,临空面应有防护栏杆,并钉有挡脚板。斜坡板、跳板的坡度不应大于 1∶3,宽度不应小于 1.5 m,防滑条的间距不应大于 0.3 m。

(5)平台脚手板铺设应平稳、满铺,绑牢或钉牢;与墙面距离不应大于 20 cm,不应有空隙和探头板;脚手板搭接长度不得小于 20 cm,对头搭接时,应架设双排小横杆,其间距不大于 20 cm,不应在跨度间搭接;脚手架的拐弯处,脚手板应交叉搭接。

(6)脚手架通过专项验收合格后悬挂脚手架验收牌(见图 4-23)方可使用。使用过程中应定期进行检查。

图 4-23　脚手架验收牌

6　拦河闸工程

6.1　土石方明挖

(1)作业区域应设置围挡进行封闭管理。

(2)作业区应有足够的设备运行场地和施工人员安全通道(见图 4-24)。

图 4-24　基坑上下安全通道

(3)基坑作业时,边坡宜采用钢丝网、水泥或其他材料进行护坡。严禁在边坡或基坑四周超载堆积材料、设备,以及在高边坡危险地带搭建工棚。

(4)坡面每下降一层台阶进行一次清坡,对不良地质构造应采取有效的防护措施。

(5)深基坑四周必须设置三道 1.2 m 高的防护围栏,防护围栏底部应设置挡脚板(见图 4-25)。栏杆上应设置“当心坠落”的安全警示标志。

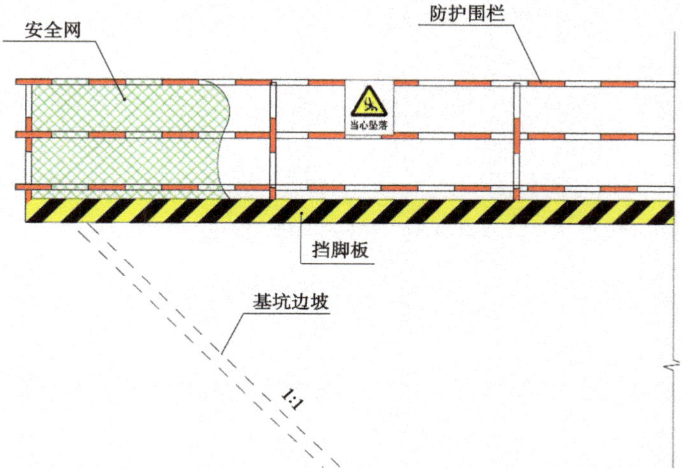

图 4-25　基坑四周设置防护围栏

(6)施工区域内需通行的悬崖、陡坡、陡坎边缘应设置防护栏杆并制作、悬挂“禁止翻越”“临边危险,注意安全”等标志牌。

(7)坡高大于 5 m、坡度大于 45°的高边坡、深基坑开挖作业应清除设计边线外 5 m 范围内的浮石、杂物,修筑坡顶截水天沟,坡顶应设置安全防护栏或防护网(见图 4-26),防护栏高度不得低于 2 m,护栏材料宜采用杂硬圆木或竹跳板,圆木直径不得小于 100 mm。

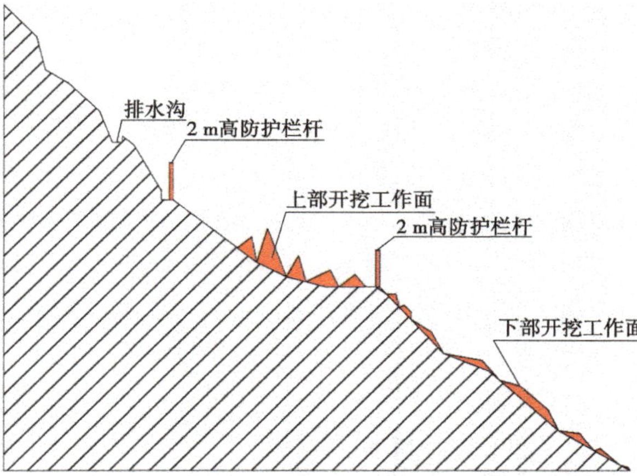

图 4-26　高边坡、深基坑开挖安全防护栏

(8)土方开挖应注重边坡和坑槽开挖的施工排水,坡面开挖时,应根据土质情况,间隔一定高度设置戗台,台面横向应为反向排水坡,并在坡脚设置护脚和排水沟(见

图 4-27)。

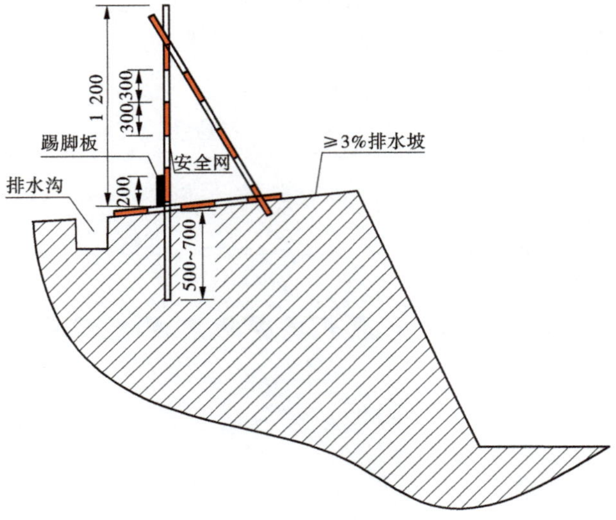

图 4-27　坡面设置反向排水坡和排水沟　(单位:mm)

(9)基坑的排水采用明沟或明沟与集水井排水。应在基坑周围或中心位置设排水沟,每隔 30 ~ 40 m 设一个集水井(见图 4-28)。集水井应低于排水沟至少 1 m,井壁应做临时加固措施。排水沟和集水井可根据现场具体情况适当设置。排水沟和集水井旁应设置"当心坠落"警示标志。

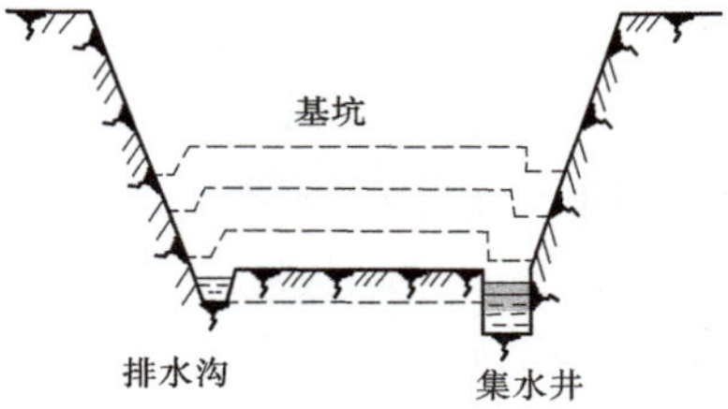

图 4-28　基坑设置排水沟和集水井

(10)工作面积水、渗水的排水,应设置临时集水坑,临时集水坑面积宜为 2 ~ 3 m^2,深 1 ~ 2 m,坑内安装移动式水泵,集水坑周边设置防护围栏,并张贴"当心坠落"警示标志。

(11)已开挖的地段,不应顺土坡面流水,必要时边坡应设置截水沟。

(12)基坑内照明必须使用 36 V 以下安全电压,线路架设应符合施工用电规范要求。

(13)施工机械设备颜色鲜明,灯光、制动、作业信号、警示装置可靠齐全。

(14)凿岩钻孔宜采用湿式作业,若采用干式作业,必须有捕尘装置。

6.2　土石方填筑

(1)土石方填筑机械设备的灯光、制动、信号、警告装置应齐全可靠。

(2)设专人对往来车辆及作业面填筑车辆进行指挥,指挥人员应穿反光背心(见图 4-29),口哨、指挥旗、对讲机等应配备齐全。道路入口及填筑区应设置道路指示标志,引导车辆驶往指定料区。

图 4-29 土石方填筑指挥人员

(3)截流填筑应设置水流流速监测设施,作业人员应穿戴救生衣等防护用品。

(4)土石方填筑坡面碾压、夯实作业时,应设置边缘安全警戒线(见图 4-30)。设备、设施必须锁定牢固,工作装置应有防脱、防断措施。

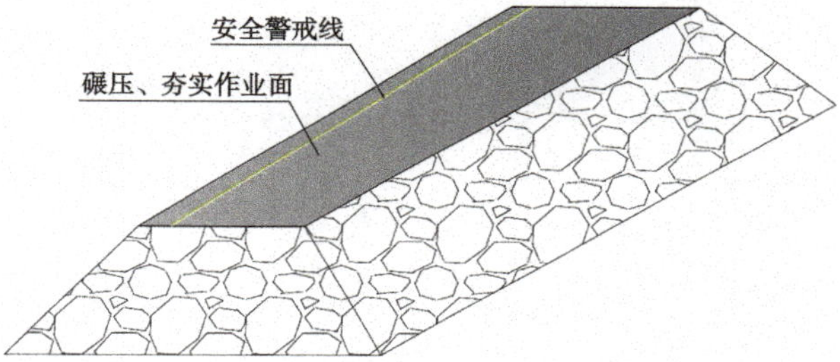

图 4-30 土石方填筑设置边缘安全警戒线

(5)土石方填筑坡面整坡、砌筑应设置人行通道,双层作业设置防护栏(见图 4-31)。

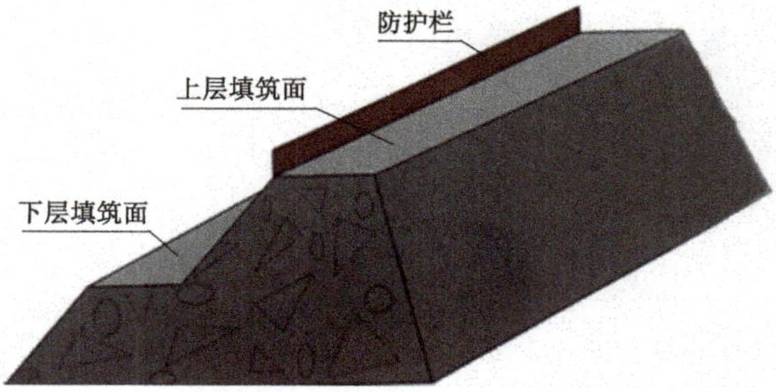

图 4-31 双层作业设置防护栏

(6)在合适位置设立"禁止双车通行"和"注意放下车斗"等标志牌。

6.3 混凝土工程

6.3.1 模板制作安装

模板加工棚的设置形式及要求参见第 2 章中防护棚部分和第 3 章中材料加工棚部分。

6.3.1.1 木材加工机械安装运行

木材加工机械安装运行应符合下列规定:

(1)每台设备均装有独立的事故紧急停机开关(见图 4-32),开关与设备的距离应不大于5 m,并设有明显标志。

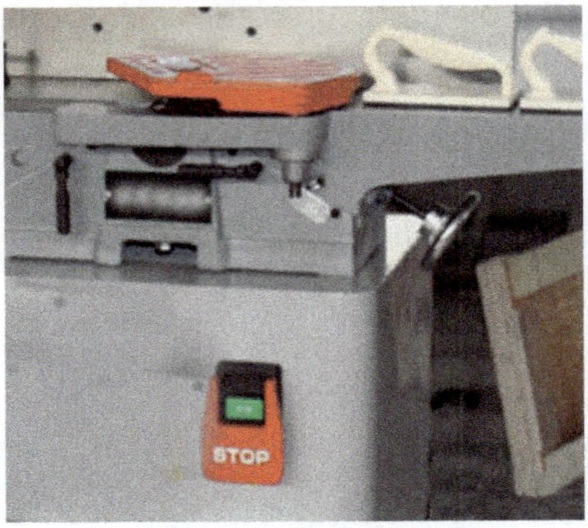

图 4-32 紧急停机开关

(2)刨车的两端应设有高度不低于0.5 m、宽度不小于轨道宽2 倍的木质防护栏杆。

(3)应配备有锯片防护罩、排屑罩、皮带防护罩等安全防护装置(见图 4-33),锯片防护罩底部与工件的间距不应大于20 mm,在机床停止工作时防护罩应全部遮盖住锯片。

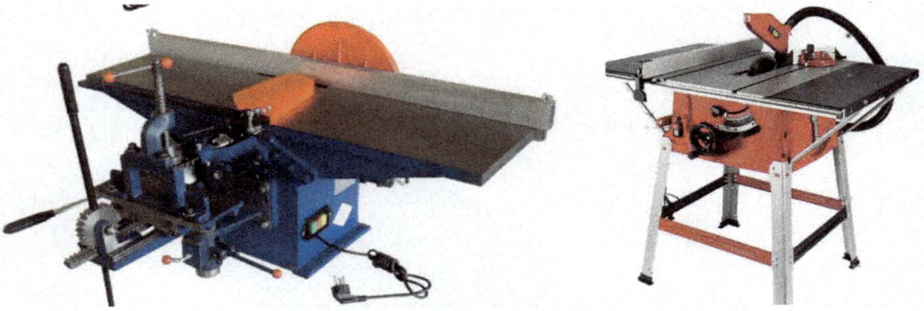

图 4-33 木材加工设备安全防护装置

(4)锯片后离齿 10~15 mm 处安装齿形楔刀。

(5)电刨子的防护罩不得小于刨刀宽度。

(6)应配备足够供作业人员使用的防尘口罩和降噪耳塞。

6.3.1.2 大型模板加工与安装

大型模板加工与安装应符合下列规定:

(1)大型模板应设有专用吊耳。应设宽度不小于 0.4 m 的操作平台或走道,其临空边缘设有钢防护栏杆(见图 4-34)。护栏上悬挂“高空危险,禁止翻越”标志牌。

图 4-34　模板安装临空边缘设置钢防护栏杆

(2)高处作业安装模板时,模板的临空面下方应悬挂水平宽度不小于 2 m 的安全网,配有足够的安全带、安全绳。

6.3.1.3　模板拆除

模板拆除的安全防护应符合下列规定:

(1)拆除高度在 5 m 以上的模板时,宜搭设脚手架,并设工作平台,不得在同一垂直面操作。

(2)拆除模板应用长撬棒,拆除拼装模板时,操作人员不应站在正在拆除的模板上。

(3)拆除模板时必须设置警戒区域,并派人监护。

(4)拆模操作人员应采取佩戴安全带、保险绳等双保险措施。安全带、保险绳不得系挂在正在拆除的模板上。

6.3.2　钢筋加工安装

钢筋加工棚的设置形式及要求参见第 2 章中防护棚部分和第 3 章中材料加工棚部分。

6.3.2.1　钢筋加工设备安装运行

钢筋加工设备安装运行应符合下列规定:

(1)设备与墙壁、设备与设备之间的距离不得小于 1.5 m。

(2)每台设备应设有独立的事故紧急停机开关和漏电保护器。事故紧急停机开关应装设在醒目、易操作的位置,且有明显标志。冷拉钢筋的卷扬机前及另一端应设置木防护挡板,其宽度不应小于 3 m,高度不小于 1.8 m,并设置孔径为 200 mm 的观察孔,或者卷扬机与冷拉方向布置成 90°,并采用封闭式导向滑轮。

(3)冷拉作业沿线应设置宽度不小于 4 m、设置明显警告标志的工作区域。

(4)对焊机应设有宽度不小于 1 m、长度不小于对焊机长度的绝缘操作平台。

(5)露天设置时,所有开关箱、设备电气开关均应有可靠的防雨设施。

6.3.2.2　钢筋加工

钢筋加工应符合下列规定：

(1)冷拉钢筋时，沿线两侧各 2 m 范围为特别危险区，人员和车辆不应进入。

(2)冷拉钢筋时，冷拉直径 20 mm 以上的钢筋应在专设的地槽内进行，不应在地面上进行。机械转动的部分应设防护罩(见图 4-35)。

图 4-35　钢筋加工设备加防护罩

(3)钢筋除锈时，应采取新工艺、新技术，并应采取防尘措施，或佩戴防尘面具或口罩等个人防护用品。

6.3.2.3　钢筋绑扎

钢筋绑扎应符合下列规定：

(1)在 2 m 以上高处、深坑绑扎钢筋和安装骨架时，应搭设相应脚手架和马道平台，并配有满足使用需要的安全带、安全绳。

(2)钢筋绑扎焊接施工中，电焊机应接地可靠、电缆线绝缘良好并装有漏电保护器。

(3)起吊钢筋骨架下方严禁站人，应待骨架降落到离就位点 1 m 以内，才可靠近。就位并加固后方可摘钩。

(4)严禁在未焊牢的钢筋上行走。在已绑好的钢筋架上行走时，宜铺设脚手板(见图 4-36)。

图 4-36　已绑好的钢筋架上铺设脚手板

6.3.3　混凝土制作

(1)拌和楼、外加剂工作区、空气压缩机工作区等附属工作区要悬挂标志牌。

(2)在拌和楼大门侧醒目位置应悬挂“拌和系统运行区域,非工作人员禁止入内”的大型标志牌。

(3)拌和楼内按消防要求设置消防器材。

(4)拌和楼内所有平台、通道的临空面均应设置安全栏杆(见图4-37)。

图4-37　拌和楼平台设安全栏杆及警示标志

(5)拌和楼各层间应设置钢扶梯或通道,临空边缘设置栏杆。

(6)拌和楼拌和机械设备周围应设宽度不小于0.6 m的巡视检查通道。

(7)大型灰罐、水泥罐要设置爬梯和罐间走道,走道边沿设防护栏杆。其防雷接地设施应符合相关规范的要求。

6.3.4　混凝土浇筑

(1)各混凝土浇筑仓面要设立仓面名称,并悬挂高程标志牌。

(2)混凝土入仓时要有专人指挥,并有专职安全人员进行安全监督。

(3)混凝土浇筑平台脚手板应铺满、平整,临空面边缘设置防护栏杆和挡脚板。防护栏上悬挂“高空危险,禁止翻越”标志牌。

(4)仓面应设宽度不小于0.5 m的人行通道、栈桥或简易木梯,通道应通向每一个工作面并畅通。

(5)泵送混凝土应设有检查、维护及应急处理泵管的安全通道(见图4-38),通道宽度不应小于0.5 m。在输送泵的椎管、弯管及接头处应设有防止炸裂时混凝土喷出伤人的措施,并应配有供维修人员处理泵管堵塞时,防止泵管中的压力水泥浆喷溅伤害的护目镜等个人防护用品。

(6)混凝土吊罐入仓应遵守下列规定:

①使用吊罐前,应对钢丝绳、平衡梁、吊锤、吊耳、吊环等起重部件进行检查,如有破损,严禁使用。

②吊罐的起吊、提升、转向、下降和就位,应听从指挥(见图4-39)。指挥人员应由受

图 4-38 混凝土浇筑安全通道

过训练的熟练工人担任,指挥人员应持证上岗。指挥信号应明确、准确、清晰。

图 4-39 混凝土吊罐入仓由专人指挥

③起吊前,指挥人员应得到两侧挂罐人员的明确信号,才能指挥起吊;起吊时应慢速,并应在吊离地面 0.3 ~0.5 m 时进行检查,在确认稳妥可靠后,方可继续提升或转向。

6.4 灌浆施工

6.4.1 灌浆设备设施布置

(1)灌浆设备设施须摆放整齐、标识醒目,安全设施防护到位。

(2)用电线路架空设置,电线应使用绝缘电缆,防护等级满足相关规范要求。

(3)电气控制开关必须具有短路、过载、漏电等保护功能。

(4)机械设备的安全防护设施必须齐全完好。如传动部位必须有盖板或防护罩(见图 4-40)等。

(5)灌浆泵、搅拌机等主要用电施工机械设备应配备一机一闸,并有漏电保护装置。

(6)灌浆泵到灌浆孔口的输浆管长度不宜大于 30 m。

(7)压力表与管路之间的隔浆装置传递压力应灵敏无碍。

6.4.2 灌浆作业

(1)钻机平台必须平整、坚实牢固,满足最大负荷 1.3 ~1.5 倍的承载安全系数,钻架

图 4-40 灌浆设备设置防护罩

脚周边应保证有 0.5 ~1 m 的安全距离,临空面必须设置安全栏杆。需要固定的钻机应至少设有 3 个地锚,抗拔力不应小于钻机额定最大顶力的 1.5 倍。

(2)交叉作业场所,各通道应保持畅通,危险出入口、井口、临边部位应设有警告标志或钢防护设施。

(3)作业现场废水、废浆排放通道畅通。

(4)灌浆前,应对机械、管路系统进行认真检查,并进行 10 ~20 min 该灌注段最大灌浆压力的耐压试验。高压调节阀应设置防护设施。

(5)灌浆中应有专人控制高压阀门并监视压力指针摆动,避免压力突升或突降。

(6)修建集水池,将污水排入集水池,经沉淀后达到环保要求后有组织集中排放,集水池区域须设置防护栏杆、设置明显的警示标志牌,禁止无关人员进入(见图 4-41)。

图 4-41 集水池设置防护栏杆和警示标志牌

(7)在隧洞内进行灌浆作业时,洞口设置限速牌和施工提示牌以及其他安全设施。

(8)对设备、供水管、进浆管和回浆管悬挂设备标识牌。

(9)高压灌浆时悬挂“高压灌浆,注意安全”等标志牌。

(10)搅浆人员应正确穿戴防尘保护用品。

6.5 金属结构制作与安装

6.5.1 金属结构制作

6.5.1.1 金属结构制作厂布置

(1)厂址应避免选择可能发生洪水、泥石流或滑坡塌陷等自然灾害地段,并参照相关规范进行规划布置。对区域内防止发生垮塌、淹没及坠落的安全防护设施应进行经常性的检查,发现隐患及时处理。

(2)制作厂内主通道不得小于 2 m,各作业区的安全通道宽度不得小于 1 m,两侧用 0.08 m 的黄色油漆标明。通道内不得堆放物品。

(3)架空设置的设备平台、人行道及 2 m 以上高处作业的平台、安全走道底板应为防滑钢板,临边应设置带有挡脚板的钢防护栏杆(见图 4-42)。

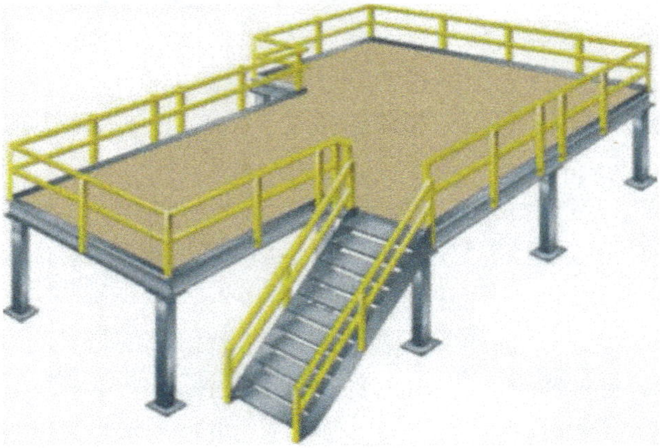

图 4-42 架空设备平台临边设置钢防护栏杆

(4)进入施工生产区域的人员应正确穿戴安全防护用品。进行 2 m 及以上高空作业时,应佩戴安全带并在其上方固定物处可靠栓挂;3.2 m 以上高空作业时,其下方应铺设安全网。安全防护用品使用前应认真检查,不应使用不合格的安全防护用品。

(5)各作业区及危险部位应有明显的安全警示标志、标牌、标签等,并保持其醒目完整。

(6)金属加工设备防护罩、挡屑板(见图 4-43)、隔离围栏等安全设施应齐全、有效。有火花溅出或有飞出物的设备应设有挡板或防护装置(见图 4-44)。

6.5.1.2 焊接作业

(1)作业人员必须配备必要的劳动防护用品。

(2)电焊机的接地装置必须定期进行检查,保证其可靠性。电焊机、加热设备应采用独立电源并装有漏电保护器,并且外壳应有可靠的接地和接零保护。

(3)大型电焊作业宜设屏高不低于 1.8 m 的电焊防护屏(见图 4-45)进行隔离。

(4)局部照明灯、行灯及标灯,电压不应超过 36 V,在特别潮湿的场所及金属容器、金属管道内工作的照明灯电压不应超过 12 V,行灯电源线应使用护套缆线。

图4-43 金属加工设备设置挡屑板

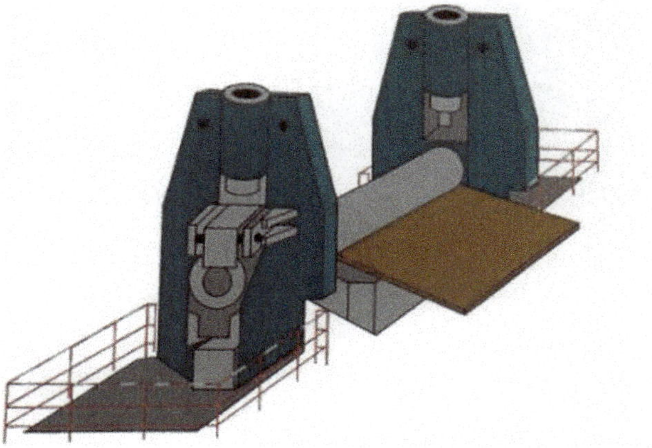

图4-44 金属加工设备防护装置

图4-45 电焊作业设置电焊防护屏

(5)高处焊割作业点的周围及下方地面上火星所及的范围内,应彻底清除可燃、易爆物品,并配置足够的灭火器材。

6.5.2 金属结构安装

6.5.2.1 金属结构安装场布置

(1)金属结构设备堆放与预组装场地应综合考虑工程施工特性、拼装方案和现场设备起吊能力等要素,应避免布置在可能发生山洪、泥石流或滑坡等自然灾害的地段和区域。

(2)场内各金属结构设备堆放场和作业区应布局合理,并应有明显标识。各作业场所应有消防和排水设施,人行通道(见图4-46)和消防通道应保持畅通,严禁堆放杂物。对于不需要吊车或运输车辆进入的,宜按0.8~1 m宽度预留人行通道,对需要采用移动式汽车吊等手段进行装卸作业的,宜根据车辆作业宽度预留8~10 m宽的通道。

图4-46 人行通道

(3)场区应有完整的接地网,建筑物、用电设备、施工钢平台等接地电阻、漏电保护应符合规定。

(4)场内除布置通用照明外,夜间作业部位和主要运输道路旁应按规定布置充足的工作照明设施。

(5)场内应备有灭火器,所有施工设备、电气盘柜等危险部位,均应悬挂安全警示标志和安全操作规程,且应接地良好。接地极保护装置应经常检查、测试。

(6)进行高处和交叉作业时,应设置保护平台、安全护栏和安全网。每次作业前应对安全防护设施(见图4-47)进行检查,确保符合要求。

(7)金属结构设备安装施工现场必须照明充足,潮湿部位应选用密闭型防水照明器或配有防水灯头的开启式照明,应设有带有自备电源的应急灯等照明器材,用电线路宜采用装有漏电保护器的便携式配电箱。

6.5.2.2 埋件、闸门安装

(1)门槽口设防护栏杆和挡脚板。

(2)有防火要求的设备和部位设置挡板或盖板防护。

(3)搭设有满足人员、工件、工具等载重要求的工作平台,平台距工作面高度不应超过1 m,平台的四周设有防护栏杆。

(4)在临边、孔洞等处作业人员必须拴挂安全带。

(5)用于安装、检查、清理、修复门槽及闸门的载人升降平台或吊篮(见图4-48),必须设有安全保险装置,其设计、制造、使用必须符合国家特种设备有关规定。

(6)闸门在拼装时,应有牢靠的防倾覆设施。

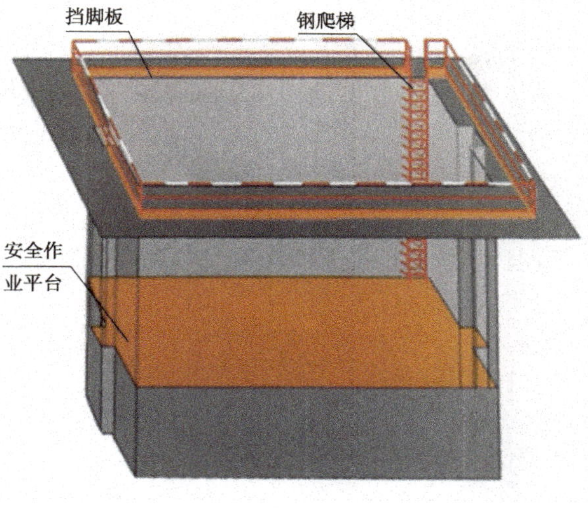

图4-47 金属结构安全防护设施

图4-48 有安全保险装置的载人升降吊篮

(7)闸门下放时,底槛处、门槽口及启闭机室应设专人监护,并配备可靠的联络通信工具。

(8)设有供工作人员上下的带有护笼的钢爬梯,现场周围悬挂“下部施工,禁止抛物”安全警示牌。

6.5.2.3 启闭机设备安装

(1)进入施工现场的作业人员,必须按规定穿戴、佩戴安全防护用品,严禁穿拖鞋、高跟鞋、易滑硬底鞋或赤脚工作。

(2)施工现场存放的设备、材料应存放整齐、安全可靠。吊装作业区四周应设置明显警示标志,必要时应设专人值守。

(3)门机轨道安装部位的临空面应设置安全防护栏,其下方有其他作业时应设置安全网。高处作业的脚手架、工作平台、临时吊架、过道灯应根据有关规范和使用要求进行设计、搭设,使用前应按设计及相关规范进行检查验收。

(4)进行设备连接部位锈蚀处理和保护漆清扫作业人员应佩戴防护眼镜和防尘口罩。

(5)对液压管件进行酸洗钝化时,作业人员应穿戴防护用品,配置酸、碱溶液的原料应明确标识并妥善保管,酸洗废液应统一回收处理,不得随意排放。

(6)电器、液压设备上方需进行气割和焊接作业的,应先将设备电源切断并对设备使用阻燃物遮护。施工现场应配置消防器材。

(7)门机大梁与门腿组合部位的作业平台应与门腿可靠连接,脚手板、栏杆、安全网应固定牢固,作业人员应佩戴安全帽、安全带。安全带应高挂可靠。

(8)在小车部件吊装之前,门机大梁上设置的永久安全防护栏应及时安装,小车吊装就位的下方应设置安全防护网,小车吊装就位后应及时采取固定措施。

(9)电气设备安装调试工作场所应备有适用于电气、仪表类的灭火器材。

(10)具有防洪功能的泄水和水闸系统工作闸门的启闭机应设置备用电源。

(11)门式启闭机应通过大车轨道水工建筑物接地网可靠连接,电气线路对地绝缘电阻不应小于0.8 MΩ,潮湿环境中不应小于0.4 MΩ。

(12)启闭机负荷试验应设专人指挥,试验现场应设警戒线,悬挂警示标志(见图4-49),无关人员不得进入。负荷试验间歇期间,应投入锚定装置。动负荷试验用的配重吊架应进行专项的设计计算。

图4-49 启闭机负荷试验现场警戒

(13)启闭机安装搭设的脚手架、临时走台、工作平台等在拆除切割时,操作者应站在永久设备上或站在与被割除物无任何联系的构件上,拴挂好安全带,并设专人进行监护,他人不应进入拆除区。割除的脚手架、临时走台、工作平台等应立即清除干净。如果割除临时安全防护设施不能立即清除干净,应悬挂警示标志,任何人不应攀爬。

6.5.2.4 泵站机组安装

(1)机组安装现场应设足够的固定和移动式照明,埋件安装、机坑、廊道和蜗壳内作业应采用安全电压照明,并备有应急灯。

(2)机组安装现场对预留人孔、排水孔、吊物孔、放空阀、排水阀、预留管道口等孔洞应加设防护栏杆或盖板封闭。

(3)尾水管、肘管、座环、机坑里衬安装时,机坑内应搭设脚手架和安全工作钢平台,平台基础应稳固,并满足承载力要求。固定导叶之间应采取安全绳、安全网等防护措施。

(4)机坑零部件除锈作业过程中人员应佩戴防毒口罩和皮手套,进入孔洞内部作业时需要设置通风设施;现场还用配备临时围栏和消防设施。

(5)在机坑内进行作业时,应搭设牢固的脚手架、安全工作平台和爬梯(见图4-50)。临空面必须设防护栏杆并悬挂安全网。

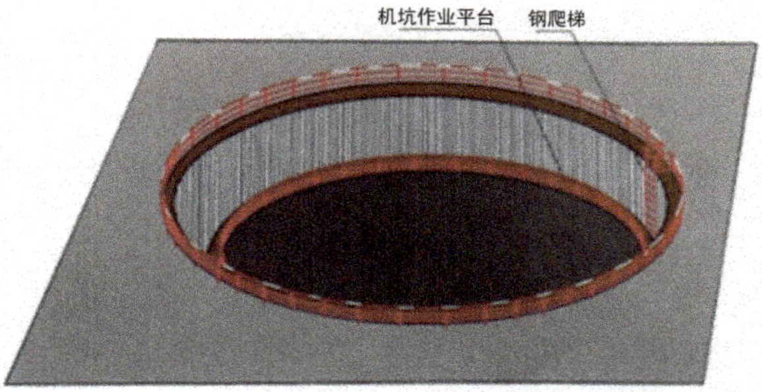

图 4-50　泵站机组安装安全防护

（6）在焊接作业时，周围应设安全护栏和防静电、防磁等警示标志，并配有专门的消防设施。

（7）运行机组与安装机组之间应采用围栏隔离，并悬挂警示标志。

6.6　占道施工

（1）编制《交通导流专项方案》、施工组织设计及其他相关资料，报送交通管理部门和相关产权单位，批准后方可实施占道施工封闭道路。

（2）施工封闭区域应设置封闭连续的硬质围挡，临道路通行一侧应设置红白相间反光条和夜间红光串灯等醒目标识，每隔 50 m 设置一处转盘警示灯，距离围挡头尾 7.0 m 位置内各设置 1 座交通指示箭头灯，须保证警示标志和设施正常工作。

（3）在距离围挡前方 100 m 处应设置预警外照式施工警示牌，牌上写“前方施工，车辆绕行”。围挡的头尾部应设置防撞消能设施和导行过渡锥形桶，防撞桶后应设置防撞护栏。根据现场情况设置交通协管岗。

（4）在沟槽两端、基坑边和横跨沟槽的人行通道等醒目位置设置“当心坠落”安全警示标志。

（5）占道施工现场应按照《道路交通标志和标线》（GB 5768—2009）的要求设置安全警示标志（见图 4-51）、标牌、提示牌和交通导流图及 LED 导向箭头灯、大回转灯、梅花灯、锥形桶、频闪灯等标识标牌，合理的设置交通导流标志（见图 4-52），并有交通维护人员维护交通。所有施工人员及交通导行监护人员必须统一穿戴醒目反光衣。

图 4-51　安全警示标志

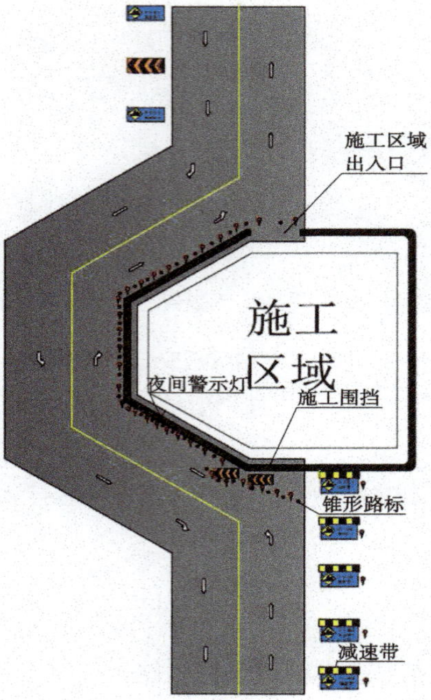

图 4-52　占道施工警戒布置

7　隧洞工程

7.1　基本要求

(1)隧洞施工区域应按规划设计和实际需要设置围挡进行封闭管理(见图 4-53),设置安全警示标志并安排专人值守。在场区内设置必要的监控设施,以便及时掌握现场安全生产状况。

图 4-53　隧洞周边围挡及监控设施

（2）在封闭区入口醒目位置设置“五牌两图”“进洞须知”“隧道危险源告知牌”“职业危害告知牌”“安全警示牌（组合）”“应急疏散图”等相应标示牌。

（3）应在施工区合适位置布置企业的组合安全宣传标语（见图4-54）。

图4-54　安全宣传标语

（4）空压机站应有防水、降温和保温设施，并按规定配备消防器材；距离居民区较近时应有防噪声、防振动的措施。

（5）主洞口进出口设置方面，洞口人车通道应分开；设置阻拦装置、门卫室及闸机。应在入口合适位置设置液晶显示屏（见图4-55），实时显示洞内作业人员数量和工种。宜在隧洞洞口设置进入隧洞人员定位系统，使用定位卡刷卡，方便了解每次进入隧洞施工的工作人员情况。

图4-55　主洞口进出闸机、显示屏

（6）支洞口可不设置闸机，但应人车分流并设置门卫室和液晶显示屏，实现封闭管理，并实时显示洞内工作人员数量和工种等信息。

（7）隧洞施工应采取综合防尘措施，并配备专用检测设备及仪器，按规定时间测定粉尘和有害气体浓度。

(8)洞内施工应采用低污染柴油机械,并配备废气净化设备,不应采用汽油机械。柴油机燃料中宜掺入添加剂,以减少有害气体排放量。

(9)洞内施工车辆设备前后及支腿部位均应粘贴反光条。

(10)隧洞施工人员应配备防尘口罩、耳塞等个人劳动保护用品。

(11)所有爆破作业人员必须持证上岗。

7.2 洞内通风

(1)施工期间通风设计应提交监理工程师批准,并须为隧洞的掘进提供已批准的通风设施。全断面开挖时风速应不小于 0.15 m/s,坑道内应不小于 0.25 m/s,但均不得大于6 m/s;供风量应保证每人供应新鲜空气不小于 3 m^3/min。实施机械通风必须具有通风机和风管。

(2)风流经由管道输送,分为压入式、吸出式、混合式三种方式。通风管靠近工作面的距离,压入式通风管的出风口距工作面不宜大于 15 m,吸出式通风管吸风口距工作面不宜大于 5 m。

(3)采用混合式通风时,当一组风机向前移动时,另一组风机的管路即相应接长,始终保持两组管相邻端交错不小于 20 ~ 30 m。局部通风时,吸出式风管的出风口应引入主风流循环的回风流中。

(4)通风管沿线应每隔 50 ~ 100 m 设立警示标志或色灯;人员严禁在风管的进出口停留。通风应及时跟进至每个作业洞室,保证作业面空气质量。

(5)通风管应敷设在电缆、电线路的相对一侧,不得妨碍运输和影响侧沟施工。风管网路中应分段设控制闸阀,以利于控制和检修(见图 4-56)。

(6)通风管应敷设平顺,接头严密,不漏风。工作面的风压应满足风动机具的工作要求,不应低于 0.5 MPa。

(7)通风机吸风口应设铅丝护网。严禁在通风管上放置或悬挂任何物体。软管与钢风管的连接必须牢固可靠,风管拆卸必须在空压机停机或关闭闸阀后进行。

(8)通风机控制系统应装有保险装置,当发生故障时应自动停机。如通风机假日停止运转,在假日过后进入隧洞工作以前,通风机应至少提前 2 h 启动,并进行检查工作。

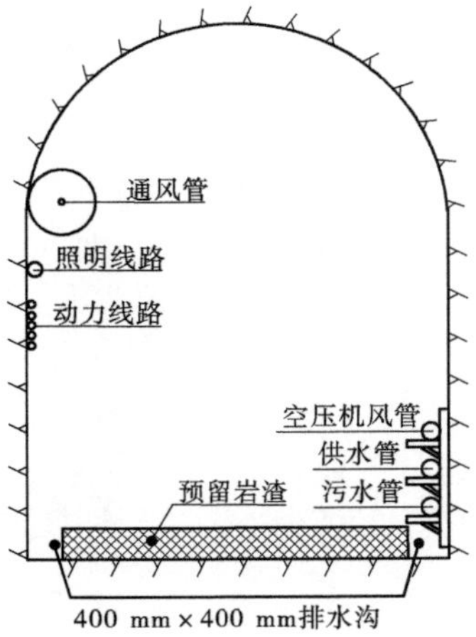

图 4-56　洞内通风管的设置

7.3 洞内供水

供水管道布置在隧洞内时,应靠墙边、地脚。大型供水管道布置在隧洞内时,应用钢架或砖砌墩支撑供水管路,尽量靠墙布置,并张贴“供水管道,禁止碰撞”等警示标志(见图 4-57)。

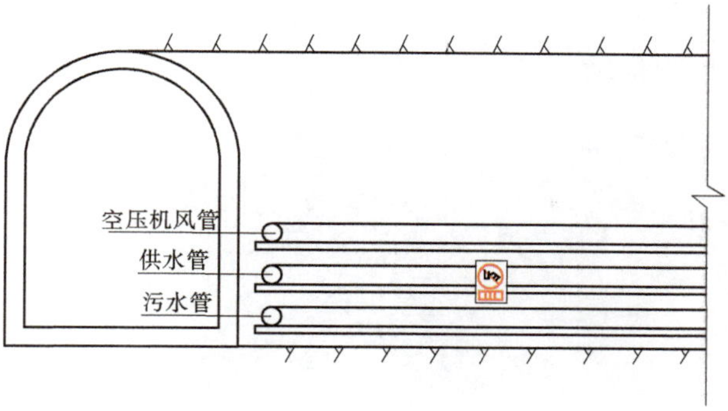

图4-57 隧洞内供水管道悬挂警示标志

7.4 洞内供电、照明

（1）供电线路应采用380 V/220 V三相五线系统；
作业地段的照明电压不得大于36 V，成洞地段可采用220 V；低压线路末端的电压降不得大于10%。

（2）成洞地段固定的电气线路，应用绝缘良好的塑料绝缘导线架设（见图4-58）。施工地段的临时用电线路应采用橡胶套电缆，并应挂设在临时支架上。竖井、斜井应使用铠装电缆；工作面附近的临时动力及照明线，应使用防水与绝缘性能良好的优质电缆。施工供电线路禁止使用裸体线路，穿过道路交叉及施工场地时应穿入保护管内，电线、电缆接头处必须按相关规范结扎牢靠，并用绝缘胶带和绝缘胶布分两层包扎。

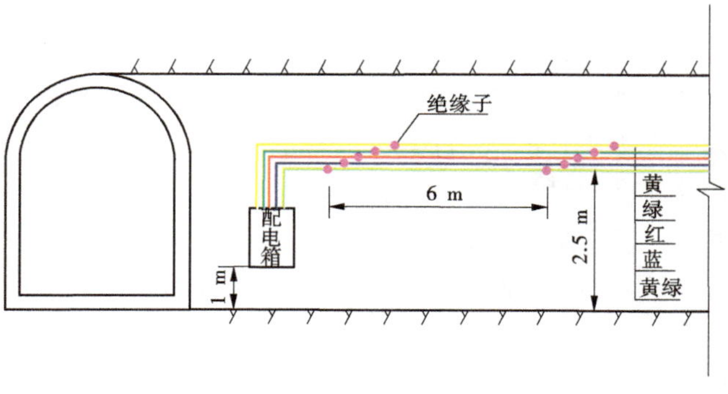

图4-58 隧洞内电气线路设置

（3）电力起爆主线应与照明及动力线路分两侧架设。照明线路和动力线路安装在同一侧时，必须分层架设。电压380 V时电线悬挂高度不小于2.5 m，电压10 kV时电线悬挂高度不小于3.5 m。严禁在动力线路上加挂照明设施。

（4）动力干线上的每一分支线，必须装设开关及保险装置。36 V低压变压器应设在安全、干燥处，机壳接地，输电线路长度不得大于100 m。

(5)洞内主要交通道路、抽水机站等重要场所,应有安全照明,隧洞施工照明应采用防水、防尘灯具。掌子面须设置移动照明设备(见图4-59),宜满足施工要求。

图4-59　隧洞内掌子面移动照明设备

(6)洞内系统通风及照明应及时跟进,保证人员、设备通行安全。照明灯采用节能灯,挂设在洞壁两侧距离洞壁200 mm、高度不小于2.5 m的位置(特殊情况除外)。照明灯之间间距不小于50 mm,保证洞室照明充足,且必须设置专门供电线路及开关箱。

(7)隧洞内应采用低压照明电源,使用的灯泡不应小于60 W,两照明灯之间的距离不宜大于30 m,并装有控制开关和触电保护器。

(8)涌水隧洞的电动排水设备,以及电气装置应采用双回路输电,并有可靠的切换装置。漏水部位必须采取防水措施,保证正常照明。

7.5　洞口防护

(1)隧洞洞口宜选在地质构造简单,风化、覆盖层及卸荷带较浅的岸坡,应避开不良地质构造、山崩、危崖、滑坡及泥石流等地区。

(2)洞口应设置必要的滑坡范围,并采取适当的工程措施,防止覆盖层、松动岩块等在风力、地震等因素作用下滑落,影响正常运行。

(3)应及时清理洞脸(见图4-60),及时锁口。在洞脸边坡外侧应设置挡渣墙或积石槽,或在洞口设置网或防护棚(见图4-61),其顺洞轴方向伸出洞口外长度不得小于5 m。

(4)洞口开挖作业区应设置防护栏杆、防护网及人员专用上下通道。处于陡峭、高边坡的洞口应增设安全棚、安全栅栏或安全网,危险段应采取加固措施(见图4-62)。洞口上方为高陡边坡区时,宜在洞口外一定范围内浇筑明洞。

(5)洞口上方标明洞室的名称。

(6)洞口入口处应制作并悬挂“注意通风”“戴防护口罩”“必须戴安全帽”等警示牌。洞口附近应设置值班室、休息室和环保厕所,须设置灯箱牌或者反光标志牌。

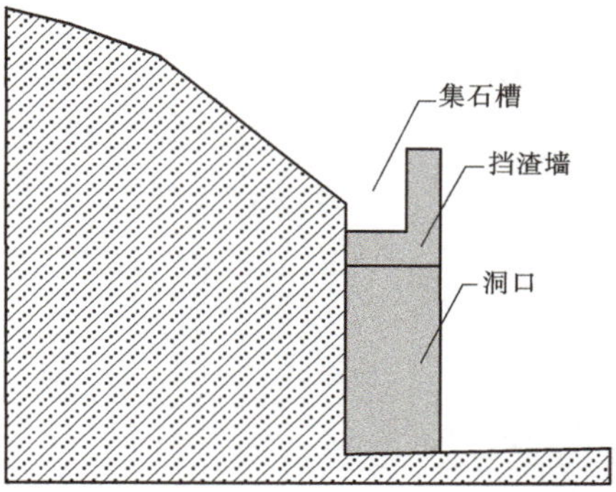

图4-60　洞脸防护

图4-61　洞口设置防护棚

图4-62　隧洞洞口防护加固

7.6　竖井防护

(1)及时进行锁口。

(2)井口设有高度不低于1.2 m的防护围栏(见图4-63)。距围栏底部0.5 m处应全封闭,并悬挂“小心坠落”“竖井施工”“禁止抛物”等标志牌。

图4-63　竖井上口防护

(3)井壁应设置爬梯。爬梯应锁定牢固,踏步平齐,设有拱圈和休息平台(见图4-64)。

图4-64 竖井上下通道防护

(4)施工作业面与井口应有可靠的通信装置和信号装置。

(5)井深大于10 m时应设置通风排烟设施(见图4-65)。

图4-65 竖井通风

(6)施工用风、水、电管线应沿井壁固定牢固。

竖井防护形式如图4-66所示。

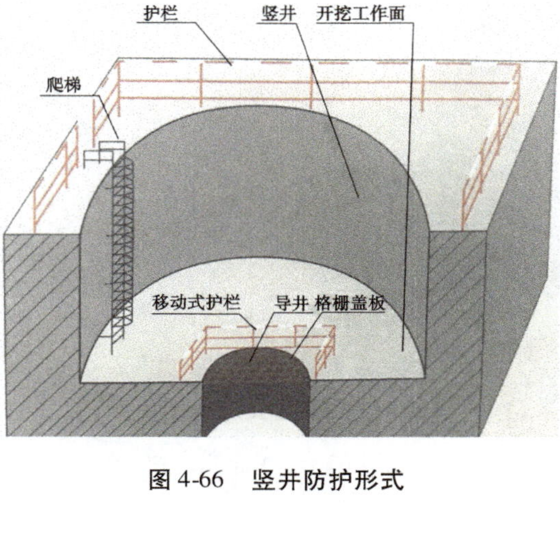

图4-66 竖井防护形式

7.7　爆破安全

7.7.1　民爆物品运输、存放

(1)民爆物品运送车辆(见图 4-67)及民爆物品运送应符合国家有关规定。

(2)总质量小于或等于 2 000 kg 的车辆采用发动机排气管宜前置,总质量大于 2 000 kg的车辆应采用柴油发动机,发动机排气管应前置。

图 4-67　民爆物品运送车辆

(3)车架上应安装符合要求的导静电橡胶拖地带(见图 4-68),导静电橡胶拖地带应与车架等电位连接。

(4)爆破现场应设置民爆物品临时存放箱。箱体颜色为黄色,喷上“民爆物品 严禁碰撞”标志(见图 4-69)。

图 4-68　导静电橡胶拖地带

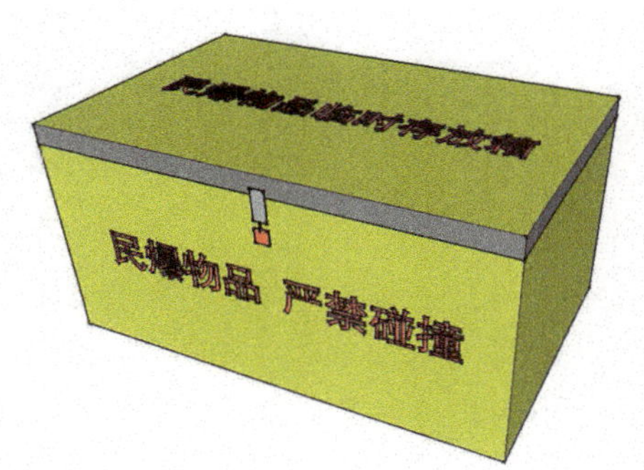

图 4-69　民爆物品临时存放箱

(5)使用爆破器材的单位临时存放爆破器材时,要选择可靠的处所单独存放,指定专人看管,并报所在地公安机关批准。民爆物品临时存放箱尺寸大小根据一次所需民爆物品的多少确定。

7.7.2 民爆物品仓库

(1)在仓库大门立柱上喷印“仓库重地,严禁烟火”“仓库重地,闲人免进”“禁止使用无线通信”等警示标语(见图4-70),在仓库醒目位置喷印“仓库重地,防火防盗”等警示标语。

图4-70 库房入口警示标语

(2)库房照明禁止安装电灯,采用自然采光或在库外安设探照灯进行投射采光,灯具距离库房的距离不应小于3 m(见图4-71)。

图4-71 民用爆炸物品库房

(3)库房应设置围墙,围墙高度不应低于2 m,围墙与库房的距离不宜小于15 m。

(4)库房内应配备足够的消防设施,未经铺砌的场地均应绿化,在库房周围25 m范围内,不应种植针叶树或竹子,库房周围8 m范围内,宜设置防火隔离带(见图4-72)。

(5)库房内任一点到安全出口的距离不应大于30 m。

(6)应装设独立接闪杆或架空接闪线或网。

(7)独立接闪杆和架空接闪线或网的支柱及其接地装置至被保护建筑物及与其有联系的管道、电缆等物之间的距离不得小于3 m。

(8)独立接闪杆、架空接闪线或网应设独立的接地装置,每一引下线的冲击接地电阻不宜大于10 Ω。

图 4-72　库房安全防护系统

(9)建筑物内的设备、管道、构架、电缆金属外皮、钢屋架、钢窗等较大金属物,均应接到防闪电感应的接地装置上。金属屋面周边每隔 18 ~ 24 m 应采用引下线接地一次。

7.7.3　爆破现场

(1)爆破作业周围 300 m 区域为危险区域(见图 4-73),危险区域边界采用彩旗,以提示爆破区域,危险区域内不得有非施工生产设施。对危险区域内的生产设施设备应采取有效的防护措施。

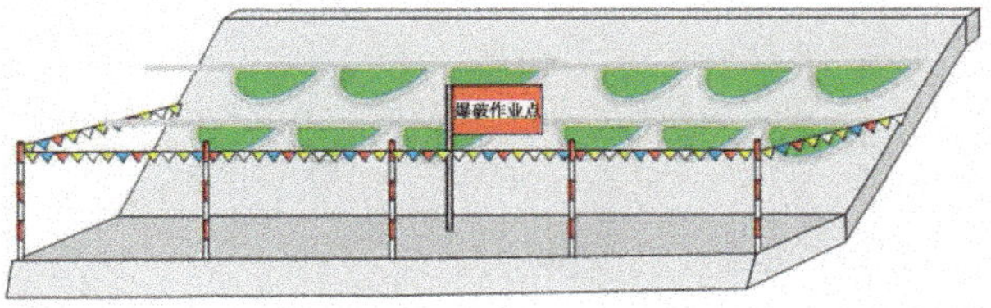

图 4-73　爆破警戒现场

(2)应对爆破工作进行统一指挥、统一协调,并统一时间、统一警戒、统一爆破信号。露天爆破时设警报房对警报器进行防护。

(3)对爆破区域进行隔离,并制作“爆破警戒区,禁止烟火”“爆破警戒区,禁止入内”“爆破警戒区,禁止使用无线通信设施”等标志牌。

(4)从事爆破作业的人员应持有公安机关核发的特殊工种资格证。

(5)爆破作业人员应穿反光衣,并用黄色反光漆印上“爆破员”字样,执勤人员应有红色袖章、红旗和口哨。

7.8　出渣防护

(1)竖井采用吊篮出渣,卷扬机安全防护参见本章 4.2 垂直运输部分。

(2)隧洞出渣采用有轨出渣方式,具体防护参见本章 4.1 水平运输部分。

7.9　台车防护

(1)台车上应悬挂安全警示标牌(见图 4-74、图 4-75)。

(2)临边部位、爬梯均须设置防护栏杆,避免作业人员发生高处坠落事故。

(3)台车上须粘贴反光条,反光条应经常清理,避免被灰尘污染。

图 4-74　钻爆台车

(4)台车必须经验收后方可使用,验收牌上注明使用单位、使用地点、验收时间及台车编号。

(5)台车必须建立安全检查制度和专人负责制度,做好台车使用维护。

图 4-75　钢模台车

7.10　砂石料与混凝土生产

7.10.1　破碎、筛分、脱水与人工制砂

7.10.1.1　破碎

(1)破碎机械进料口处设置人工处理卡石或超径石的工作平台,其长度应不小于1 m,宽度不小于0.8 m,周围设置防护栏杆。

(2)破碎机械进料口除机动车辆进料平台外的边缘,应设置钢防护栏杆,栏杆外侧应有宽度不小于0.8 m的通道。防护栏上悬挂“注意飞石伤人”“非工作人员禁止靠近”标志牌。

(3)工作平台与进料口连接处设置混凝土车挡,其高度为0.2～0.3 m,宽度不小于0.3 m,长度不小于进料口宽度。

(4)破碎机械进料口和出料口宜设置喷淋装置及车挡(见图4-76)等装置。

7.10.1.2　筛分、脱水与人工制砂

(1)筛分设备各层之间应设有至少1个以上钢扶梯或混凝土楼梯,楼梯宽度不小于0.8 m,边缘设置防护栏杆(见图4-77)。

(2)棒磨机转动筒体与行人通道距离不应小于1.5 m,并设置防护栏将通道与棒磨机隔开,装棒侧面宜设置宽度不小于5 m的工作平台。

(3)设备周边应设置宽度不小于1.2 m的安全通道(见图4-78)。

(4)筛分楼的进料口宜设置喷淋装置等降尘装置(见图4-79),振动筛筛网宜采用低噪声的塑胶材料。

7.10.2　输送系统

(1)每条皮带机应悬挂设备标识牌。

图 4-76　喷淋装置及车挡

图 4-77　防护栏杆及楼梯

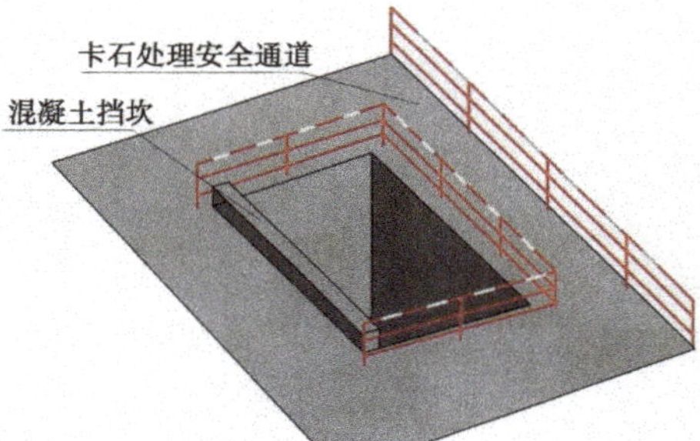

图 4-78　进料平台设置防护栏杆及安全通道

(2)皮带机头架和尾架的主动轮、被动轮应设有防护栏或防护罩等防护装置(见图 4-80)。

(3)地面设置的皮带机,两侧应设置宽度不小于 0.8 m 的走道。

图4-79　筛分部位喷淋装置

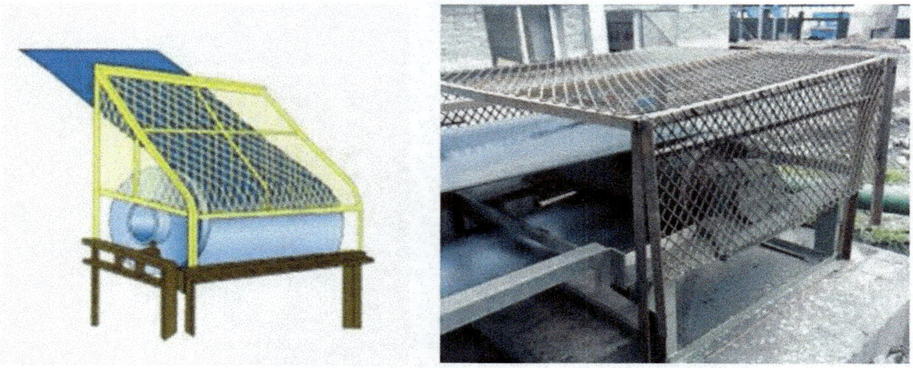

图4-80　皮带机防护罩

(4)架空设置皮带机时,两侧应设置宽度不小于0.5 m的走道,走道底板应采取防滑措施,走道外侧应设有防护栏杆。在皮带机适当位置悬挂设立“禁止跨越”标志牌。

(5)长度超过60 m的皮带机中部应设横跨皮带的人行天桥,天桥高度距皮带不得小于0.5 m。

(6)皮带的前后端均应设置事故开关(见图4-81),当皮带长度大于100 mm时,皮带机的中部应增设事故开关。事故开关应安装在醒目、易操作的位置,并设有警示标志。

(7)皮带机应设有启动、运行、停机、故障的音响或灯光联动警告信号装置及照明灯。

(8)架空皮带机横跨运输道路、人行通道、重要设施时,下部应设防护棚。棚面应采用木板、脚手板、钢板等抗冲击的材料,铺满且无缝隙。防护棚下部设有明显的限高警告标志(见图4-82)。皮带机下设“高空坠石,小心通行”的警告标志牌。

(9)皮带运行人员在开机前应对机械各部件进行一次认真的保养检查,并检查皮带上有无人员和其他杂物等。经检查无问题后方可发信号开车。多节皮带串联时,其开机的顺序是从卸料端到喂料端依次启动。

图 4-81　**皮带机事故开关**

图 4-82　**跨路传送皮带警示牌及限高牌**

7.10.3　排污

(1)砂石料生产系统各功能区应设置污水排放口和排污沟,将洗沙、洗泥等废水集中排放到污水处理系统进行处理。污水处理系统应经设计计算确定。

(2)排污沟要用盖板盖住。在沉沙池四周设置安全围栏(见图 4-83)。

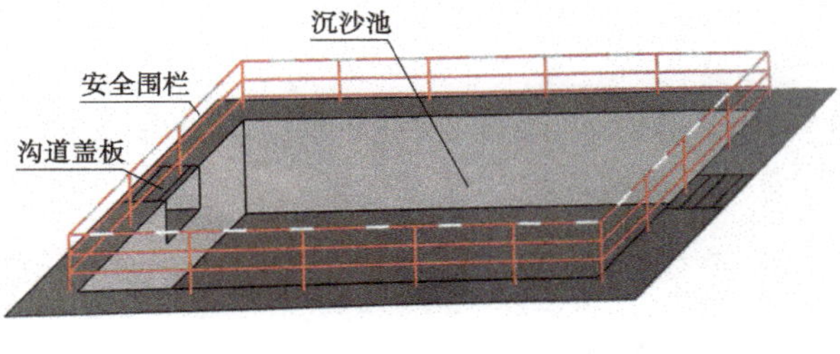

图 4-83　**沉沙池四周设置安全围栏**

(3)污水处理沉淀池应符合下列要求:

①沉淀池顶部及周边应设有宽度不小于 0.6 m 的检查通道,通道临边应设置钢防护栏杆。

②采用人工辅助清理沉淀池时,应配备救生衣等救生设施。

7.11 混凝土工程

参见本章6.3混凝土工程部分中具体描述及要求设置。

8 管道工程

8.1 顶管施工

8.1.1 基本要求

(1)施工现场应进行封闭管理,生产区设施配置参见本章生产区标准化部分。

(2)施工前应进行现场调查研究,并应对工程沿线有关工程地质、水文地质、地上与地下管线、建(构)筑物、障碍物及其他设施等周边环境情况的详细资料进行核实确认。

(3)施工前应熟悉施工图纸,掌握设计意图和要求,并应进行设计交底。

(4)顶管施工前应编制施工组织设计。施工组织设计应包括:①工程概况;②工程地质条件、水文条件及环境条件;③工程难点、特点分析与针对性措施;④施工现场总平面布置图;⑤顶管机的选型;⑥顶管设备、系统的布置;⑦管材、接口连接与管道防水;⑧管节的内外防腐;⑨顶力估算及后座布置;⑩中继间的布置;⑪测量及纠偏方法;⑫顶管施工参数的选定;⑬触变泥浆的配置与管理;⑭顶管的通风措施、供电措施、通信及监视系统;⑮始发及接收措施;⑯环境监测与影响分析;⑰施工进度、机械设备、材料及劳动力安排计划;⑱安全、质量及文明施工措施;⑲应急预案;⑳附图。

(5)顶管施工应根据设计要求、工程特点及有关规定,对顶管沿线影响范围内的地表、邻近建(构)筑物及地下管线设置观测点进行检测。监测的信息应及时反馈,发现问题应及时处理。

(6)顶管设备必须经检验合格后再进入施工现场,并应进行单机、整机联动调试。

(7)管道内配备有害气体测试仪、通风设备。

(8)顶管穿越河流施工应制订专项安全方案与应急预案。

(9)雨季施工时,应在工作坑内设置排水系统,并制订汛期应急预案。

8.1.2 通风

(1)管道内的通风系统应经计算确定,并应设置通风装置及有毒有害气体检测报警装置,顶管施工全过程应采取通风措施。

(2)送风口宜设在距顶管机10~15 m处。

(3)管道内供气量不应小于每人25~30 m^3/h,出口空气质量应符合环境保护要求。

(4)对于小直径顶管、超长距离顶管,宜采用压缩空气送风。

(5)通风管应固定在工作井侧壁及顶管管道内壁侧边,并且不影响施工作业。

8.1.3 供电

(1)顶管施工现场临时用电输出端宜分成3路,分别为地面供电系统、井下顶进系统及顶管机系统用电。

(2)顶管施工供电系统应经计算确定。施工现场临时用电应统一进行组织设计,有统一编制的临时用电施工组织设计和用电方案。

(3)管内电缆线路应采用架空敷设,严禁沿管道内底面明设,并应避免机械损伤及腐蚀。若采用高压供电,应与低压电缆分开单独走线,并且应做醒目安全标识。

(4)施工宜采用高压供电。高压供电应在井下设置带零序继电保护的高压操作电柜,管内变压器高低压侧应配备单独的操作开关。

(5)超长距离顶管供电设置应符合下列规定:

①应配置足够容量的动力电源。

②供电设置应采用高压电线或调压措施。

③高压电缆及变压器投入使用前应进行检测。

④超长记录顶管供电宜采用150 mm^2软电缆,每隔200 m应设1个总控制电箱。

(6)井内与管内照明应符合的规定参见本书第4章1.6.2现场照明中特殊场所照明部分。

(7)管道内应设有应急照明系统,应急照明宜安装在顶管机和中继间处。因故突然停电时,使用应急照明灯(见图4-84),保证施工人员安全撤离。

(8)管内供电系统应设置总配电箱、分配电箱和开关箱,每台用电设备应设置独立开关箱。

(9)井外地面箱式变压器、井下高压操作电柜、管内降压变压器均应设置可靠的安全接地,同时接地电阻系数应能满足使用要求。

图4-84　管道内应急照明灯

8.1.4　施工安全

进入施工现场应佩戴安全帽,高空作业应系安全带。

8.1.4.1　工作坑施工安全

(1)工作坑支护要有专项施工安全技术方案。

(2)工作坑现场应使用全封闭围挡。

(3)工作坑四周及工作平台孔口应安装安全护栏(见图4-85)。

(4)工作坑壁应设置牢固、安全的钢制爬梯。

(5)电、气焊在工作坑内作业时应有防水措施。

(6)夜间施工场内应有充足的照明,并在防护栏杆上设置安全警示灯。

8.1.4.2　起重作业

(1)设备防护要求参见本章4.2.3其他起重机部分。

(2)起重设备安装前,应对卷扬机、电动葫芦、手动葫芦等起重设备进行全面检查,设备完好,方可安装。

(3)起重设备安装后应进行试吊,吊离地面100 mm左右时,检查重物、设备安全后,方可进行吊装作业。

(4)起重设备应由专人定期检查。

(5)使用轮式起重机向工作坑内吊放或吊出顶管机或管材前,确认起重机支腿处支撑点的承载能力,满足最大起重量要求,并确认起重机吊装时工作坑维护结构的安全。

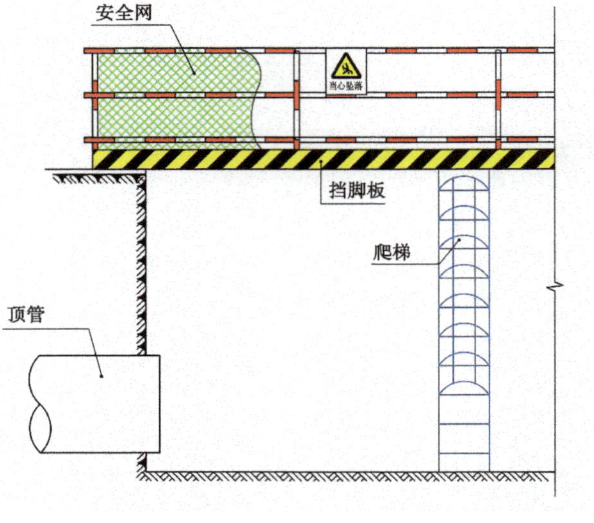

图 4-85　工作坑防护

(6)起重吊装顶管机或管材过程中,应随时监测工作坑维护结构的变形情况,若超过预测值,应立即停止吊装作业并采取措施。

8.1.5　**环境保护**

(1)废土、渣土、废泥浆的处置应符合有关部门的规定。施工过程产生的废土、渣土及废泥浆应集中堆放。废土、渣土及废泥浆应及时外运,外运车辆应为密封车或有盖自卸车(见图 4-86),车辆及车胎应保持干净,不粘带泥块等杂物,防止污染道路。

图 4-86　有盖渣土车

(2)施工现场应设置排水系统,严禁向排水系统排放泥浆。排水沟的废水应经沉淀、过滤,达到标准后排放。

(3)施工现场出入口处应设置冲洗设施(见图4-87)、污水池和排水沟(见图4-88),应有专人对进出车辆进行清洗保洁。

图4-87　出入口冲洗设施

图4-88　排水沟

(4)施工期间现场施工机械应有使其噪声量在允许范围内的降噪声措施。

(5)现场液体废物处置应满足以下要求:

①现场产生的污水排放市政管道前应符合规定要求。

②施工期间产生的污油或废液等,应设置专用的回收装置,在油压系统下应设隔油层。

③泥浆配制应优先选用有效、无害的添加剂。存储触变泥浆容器的下部宜垫砂子等。

④泥水平衡顶管产生的废水应采用密闭方式运到指定消纳地点或配备泥水分离装置将渣土分离后运到指定消纳地点。

8.2　埋管施工

8.2.1　管道沟槽开挖

(1)现场防护具体要求参见第4章6.1土石方明挖部分。

(2)管道沟槽开挖作业区域应设置围挡进行封闭管理。

(3)采取明沟排水施工时,排水井宜布置在沟槽范围外,其间距不宜大于150 m。

(4)施工降排水终止抽水后,降水井及拔除井点管所留的孔洞,应及时用砂石等填实;地下水静水位以上部分,可采用黏土填实。

(5)沟槽每侧临时堆土或施加其他荷载时,应符合下列规定:

①不得影响建(构)筑物、各种管线和其他设施的安全;

②不得掩埋消火栓、管道闸阀、雨水口、测量标志以及各种地下管道的井盖,且不得妨碍其正常使用;

③堆土距沟槽边缘不小于0.8 m,且高度不应超过1.5 m,沟槽边堆置土方不得超过设计堆置高度。

(6)沟槽挖深较大时,应确定分层开挖的深度,并符合下列规定:

①人工开挖沟槽的槽深超过3 m时应分层开挖,每层的深度不超过2 m;

②人工开挖多层沟槽的层间留台宽度:放坡开槽时不应小于0.8 m,直槽时不应小于0.5 m,安装井点设备时不应小于1.5 m;

③采用机械挖槽时,沟槽分层的深度按机械性能确定。

堆土及防护栏杆如图4-89所示。

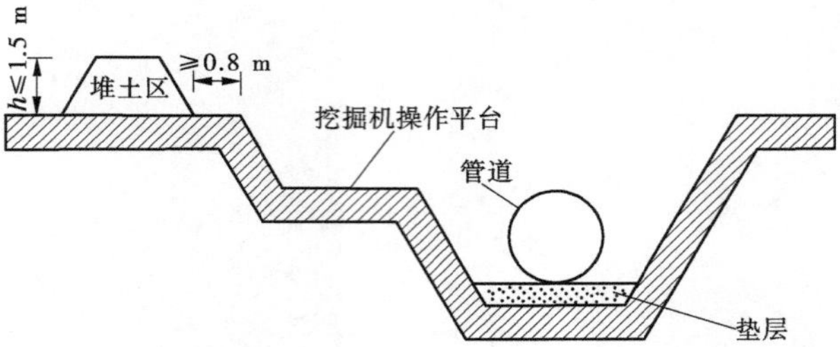

图4-89　堆土及防护栏杆示意图

8.2.2　管道安装

(1)现场运输及吊装防护要求参见第4章4.1水平运输部分。

(2)履带式、轮胎式、汽车式起重机在行驶前,应先检查道路,避免压坏地下沟渠或陷入深坑。

(3)履带式、汽车式起重机不应在斜坡上吊装或旋转。必须工作时,应将斜坡道路垫平。爬坡度一般不大于25°,爬坡时,起重臂不应旋转。

(4)各式起重机应根据需要安设起升限制器、起重量指示器、夹轨器、连锁开关等安全装置。齿轮、转轴等旋转部位露出时,应加保护装置。

8.2.3　管道沟槽回填

(1)现场防护要求参见第4章6.2土石方填筑部分。

(2)已完成的填土应将表面压实,且宜做成一定坡度以利排水。

(3)基坑回填应分层对称,防止造成一侧压力不平衡,破坏基础或构筑物。

(4)管沟回填,应从管道两边同时进行填筑并夯实。填料超过管顶0.5 m厚时,方可用动力打夯,不宜用振动碾压实。

(5)夜间作业时,现场应有足够照明,在危险地段设置明显的警示标志和护栏。

路上填筑时,装载机、自卸车等机械作业现场应设专人指挥,作业范围内不应有人员平土。

附　录

附录1　参建各方安全生产管理职责

根据《水利水电工程施工安全管理导则》,各参建单位安全生产管理机构的安全职责如下。

1　建设单位安全生产管理职责

(1)组织制订项目安全生产管理制度、安全生产目标、保证安全生产的措施方案,建立健全项目安全生产责任制。

(2)组织审查重大安全技术措施。

(3)审查施工单位安全生产许可证及有关人员的执业资格。

(4)监督检查施工单位安全生产费用使用情况。

(5)组织开展安全检查,组织召开安全例会,组织年度安全考核、评比,提出安全奖惩建议。

(6)负责日常安全管理工作,做好施工重大危险源、重大生产安全事故隐患及事故统计、报告工作,建立安全生产档案。

(7)负责办理安全生产监督手续。

(8)协助安全生产事故调查处理工作。

(9)监督检查监理单位的安全监理工作。

(10)负责安全生产领导小组的日常工作等。

2　施工单位安全生产管理职责

(1)贯彻执行国家有关法律、法规、规章、制度、标准。

(2)组织或参与拟订安全生产规章制度、操作规程和生产安全事故应急救援预案,制订安全生产费用使用计划,编制施工组织设计、专项施工方案、安全技术措施,检查安全技术交底工作。

(3)组织重大危险源监控和安全生产事故隐患排查治理工作,提出改进安全生产管理的建议。

(4)负责安全生产教育培训和管理工作,如实记录安全生产教育和培训情况。

(5)组织事故应急救援预案的演练工作。

(6)组织或参与安全防护设施、设备、危险性较大的单项工程验收。

(7)制止和纠正违章指挥、违章作业和违反劳动纪律的行为。

(8)负责项目安全生产管理资料的收集、整理、归档,按时上报各种安全生产报表和材料。

(9)统计、分析和报告生产安全事故,配合事故的调查和处理等。

(10)施工单位应每周由项目部负责人主持召开一次安全生产例会,分析现场安全生产形势,研究解决安全生产问题。各部门负责人、各班组长、分包单位现场负责人等参加会议。会议应做详细记录,并形成会议纪要。

3 监理单位安全生产管理职责

(1)按照法律、法规、规章、制度和标准,根据施工合同文件的有关约定,开展施工安全检查、监督。

(2)编制安全监理规划、细则。

(3)协助项目法人编制安全生产措施方案。

(4)审查安全技术措施、专项施工方案及安全生产费用使用计划,并监督实施。

(5)组织或参与安全防护设施、设备、危险性较大的单项工程验收。

(6)审查施工单位安全生产许可证、三类人员及特种设备作业人员资格证书的有效性。

(7)协助生产安全事故调查等。

(8)监理单位发现存在安全生产事故隐患时,应要求施工单位采取有效措施予以整改;若施工单位延误或拒绝整改,情况严重的,可责令施工单位暂时停止施工;发现存在重大安全隐患时,应立即责令施工单位停止施工,并采取防范措施,及时向项目法人报告;必要时,应及时向项目主管部门或者安全生产监督机构报告。

(9)监理单位应定期召开监理例会,通报工程安全生产情况,分析存在的问题,提出解决方案和建议。会议应形成会议纪要。

4 其他参建单位安全生产管理职责

(1)勘察单位应按照法律、法规和标准进行勘察,提供的资料应真实、准确,应能满足工程安全生产需要;勘察作业应严格执行操作规程,采取措施保证各类管线、设施和毗邻建筑物、构筑物以及人员安全等。

(2)设计单位应在设计报告中设置安全专篇,并对其设计负责,其应履行下列安全生产管理职责:

①按照法律、法规和标准进行设计,防止因设计不合理导致安全生产事故的发生。

②对涉及施工安全的重点部位和环节应在设计文件中注明,并对防范安全生产事故提出指导意见。

③对采用新结构、新材料、新工艺和特殊结构的建设工程,应在设计报告中提出保障施工作业人员安全和预防安全生产事故的措施建议。

④在技术设计和施工图纸设计时,应落实初步设计中的安全专篇内容和初步设计审查通过的安全专篇的审查意见。

⑤在工程开工前,应向施工单位和监理单位说明勘察、设计意图,解释勘察、设计文件等。

(3)为水利水电工程提供机械设备和构、配件的单位,应保证其提供的机械设备和构、配件等产品的质量和安全性能达到国家有关技术标准,配备齐全、有效的保险、限位等安全设施和装置,提供有关的安全操作说明。

(4)出租的机械设备和施工机具及配件的单位,应提供生产(制造)许可证、产品合格证;对出租的机械设备和施工机具及配件的安全性能应进行检测,并出具检测合格证明。

(5)质量安全检测单位应当按照国家标准和行业标准开展工作；没有国家标准和行业标准的，应由检测单位提出方案，经委托方确认后实施。

(6)检测单位应当按照合同和有关标准及时、准确地向委托方提交检测报告并对检测质量负责。

(7)检测单位发现工程存在重大安全问题及有关参建单位违反法律、法规和强制性标准情况的，应及时报告委托方和项目主管部门。

附录2 施工单位安全生产档案目录

1 相关文件、证件及人员信息

(1)主管部门、项目法人、监理单位的安全生产文件。

(2)施工单位及相关单位印发的安全生产文件。

(3)企业法人资质证书、营业执照、安全生产许可证。

(4)主要负责人、项目负责人、安全生产管理人员安全考核合格证，特种作业人员操作资格证。

(5)分包企业资质证书、营业执照、安全生产许可证。

(6)人身意外伤害保险及工伤保险证明。

(7)安全防护用品允许使用相关证明。

(8)机械产品允许使用相关证明。

(9)安全生产管理人员登记表。

(10)特种作业人员登记表。

(11)现场施工人员登记表。

(12)安全生产档案审核表。

(13)其他文件及证件等。

2 安全生产目标管理

(1)项目部安全生产目标及相关文件。

(2)安全生产目标管理计划及相关文件。

(3)安全生产目标考核办法。

(4)安全生产目标责任书。

(5)安全生产目标完成情况自查报告。

(6)安全生产目标考核结果等。

3 安全生产管理机构和职责

(1)项目部安全生产管理组织网络。

(2)安全生产领导小组组建文件。

(3)安全生产会议记录、纪要。

(4)安全生产责任制。
(5)安全生产责任制的考核结果等。

4 施工现场安全生产管理制度

(1)施工单位印发的安全生产管理制度。
(2)适用的安全生产法律、法规、规章、制度和标准清单。
(3)施工现场各工种安全技术操作规章。
(4)施工现场各机械设备安全操作规程。
(5)安全生产管理制度的学习记录。
(6)安全生产管理制度的检查评估报告。
(7)安全生产管理制度执行情况的检查意见及整改报告等。

5 安全生产费用管理

(1)安全生产费用使用计划。
(2)安全生产费用使用台账。
(3)安全生产费用检查意见及整改报告等。

6 安全技术措施和专项施工方案

(1)施工组织设计(含安全技术措施专篇)。
(2)危险性较大的单项工程汇总表。
(3)专项施工方案及相关审查、论证记录。
(4)安全技术交底记录。
(5)工程度汛方案、超标准洪水应急预案及演练记录。
(6)安全度汛目标责任书。
(7)消防设施平面布置图。
(8)施工现场消防安全检查记录等。

7 安全生产教育培训

(1)安全教育培训计划。
(2)安全生产管理人员、特种作业人员教育培训记录。
(3)三级安全教育汇总表。
(4)日常安全教育培训记录。
(5)班组班前安全活动记录。
(6)安全生产教育汇总表。
(7)外来人员安全教育记录等。

8 设施设备安全管理

(1)设施设备管理台账。

(2)劳动保护用品采购及发放台账。
(3)设施设备进场验收资料。
(4)设施设备运行记录。
(5)设施设备检查记录。
(6)设施设备检修、维修记录等。

9 作业安全管理

(1)安全标志台账。
(2)安全设施管理台账。
(3)动火作业审批表。
(4)危险作业审批台账单。
(5)危险性较大作业安全许可审批表。
(6)相关方安全管理登记表等。

10 安全隐患排查治理

(1)各级主管部门、项目法人、监理单位安全检查的记录意见和整改报告等。
(2)施工单位隐患排查的记录、整改通知、整改结果等。
(3)事故隐患排查、治理台账。
(4)事故隐患排查治理情况统计分析月报表。
(5)重大事故隐患报告。
(6)重大事故隐患治理方案及治理结果。
(7)重大事故隐患治理验收及评估意见等。

11 重大危险源管理

(1)危险源辨识记录及相关文件。
(2)重大危险源安全评估报告。
(3)重大危险源管理台账。
(4)重大危险源管理的责任单位、责任部门、责任人。
(5)重大危险源检查记录。
(6)重大危险源监控、检测记录等。

12 职业卫生和环境保护

(1)有毒、有害作业场所管理台账。
(2)职业危害告知单。
(3)从业人员健康监护档案。
(4)接触职业危害因素作业人员登记表。
(5)职业危害场所检测计划、检测结果。
(6)职业危害防治设备、器材登记表。

(7)职业危害及治理情况有关资料。
(8)作业场所及周边环境监测、治理资料等。

13　应急管理

(1)施工现场安全事故应急救援预案、专项应急预案、应急处置方案及演练情况。
(2)安全生产事故快报。
(3)安全生产月报。
(4)生产安全事故档案等。

附录3　水利工程生产安全重大事故隐患判定标准(试行)

1　总则

1.1　为科学判定水利工程生产安全事故隐患,防范水利工程生产安全事故,根据《中华人民共和国安全生产法》等法律、法规,制定本判定标准。

1.2　本标准适用于水利工程建设期和运行管理期的生产安全重大事故隐患判定。

事故隐患判定应严格执行国家和水利行业有关法律、法规、技术标准,有关法律、法规、技术标准对相关隐患判定另有规定的,适用其规定。

1.3　水利工程建设各参建单位和水利工程运行管理单位是事故隐患排查治理的主体。

水行政主管部门和流域管理机构在安全生产监督检查过程中可依有关法律、法规、技术标准和本标准判定重大事故隐患。

1.4　水利工程生产安全重大事故隐患判定分为直接判定法和综合判定法,应先采用直接判定法,不能用直接判定法的,采用综合判定法判定。

1.5　水利工程建设各参建单位和水利工程运行管理单位可根据判定清单(指南)所列隐患的危害程度,依照有关法律、法规和技术标准,结合本单位和工程实际适当增补隐患内容,按照本标准的方法判定。

2　判定要求

2.1　隐患判定应认真查阅有关文字、影像资料和会议记录,并进行现场核实。

2.2　对于涉及面较广、复杂程度较高的事故隐患,水利工程建设各参建单位和水利工程运行管理单位可进行集体讨论或专家技术论证。

2.3　集体讨论或专家技术论证在判定重大事故隐患的同时,应当明确重大事故隐患的治理措施、治理时限以及治理前应采取的防范措施。

3　水利工程建设项目重大隐患判定

3.1　直接判定。符合附件1水利工程建设项目生产安全重大事故隐患直接判定清单(指南)中的任何一条要素的,可判定为重大事故隐患。

3.2 综合判定。符合附件 2 水利工程建设项目生产安全重大事故隐患综合判定清单(指南)重大隐患判据的,可判定为重大事故隐患。

4 水利工程运行管理重大隐患判定

4.1 直接判定。符合附件 3 水利工程运行管理生产安全重大事故隐患直接判定清单(指南)中的任何一条要素的,可判定为重大事故隐患。

4.2 综合判定。符合附件 4 水利工程运行管理生产安全重大事故隐患综合判定清单(指南)重大隐患判据的,可判定为重大事故隐患。

5 附则

5.1 本标准自发布之日起施行。

附件:

1. 水利工程建设项目生产安全重大事故隐患直接判定清单(指南)(见附表 3-1)
2. 水利工程建设项目生产安全重大事故隐患综合判定清单(指南)(见附表 3-2)
3. 水利工程运行管理生产安全重大事故隐患直接判定清单(指南)(略)
4. 水利工程运行管理生产安全重大事故隐患综合判定清单(指南)(略)

附表 3-1　水利工程建设项目生产安全重大事故隐患直接判定清单(指南)

类别	管理环节	隐患编号	隐患内容
一、基础管理	现场管理	SJ－J001	施工企业无安全生产许可证或安全生产许可证未按规定延期承揽工程
		SJ－J002	未按规定设置安全生产管理机构、配备专职安全生产管理人员
		SJ－J003	未按规定编制或未按程序审批达到一定规模的危险性较大的单项工程或新工艺、新工法的专项施工方案
		SJ－J004	未按专项施工方案施工
二、临时工程	营地及施工设施建设	SJ－L001	施工驻地设置在滑坡、泥石流、潮水、洪水、雪崩等危险区域
		SJ－L002	易燃易爆物品仓库或其他危险品仓库的布置以及与相邻建筑物的距离不符合规定,或消防设施配置不满足规定
		SJ－L003	办公区、生活区和生产作业区未分开设置或安全距离不足
	围堰工程	SJ－L004	没有专门设计,或没有按照设计或方案施工,或未验收合格投入运行
		SJ－L005	土石围堰堰顶及护坡无排水和防汛措施或钢围堰无防撞措施;未按规定驻泊施工船舶;堰内抽排水速度超过方案规定
		SJ－L006	未开展监测监控,工况发生变化时未及时采取措施
三、专项工程	施工用电	SJ－Z001	没有专项方案,或施工用电系统未经验收合格投入使用
		SJ－Z002	未按规定实行三相五线制或三级配电或两级保护
		SJ－Z003	电气设施、线路和外电未按相关规范要求采取防护措施
		SJ－Z004	地下暗挖工程、有限作业空间、潮湿等场所作业未使用安全电压
		SJ－Z005	高瓦斯或瓦斯突出的隧洞工程场所作业未使用防爆电器
		SJ－Z006	未按规定设置接地系统或避雷系统
	深基坑(槽)	SJ－Z007	深基坑未按要求(规定)监测
		SJ－Z008	边坡开挖或支护不符合设计及相关规范要求
		SJ－Z009	开挖未遵循“分层、分段、对称、平衡、限时、随挖随支”原则
		SJ－Z010	作业范围内地下管线未探明、无保护等开挖作业
		SJ－Z011	建筑物结构强度未达到设计及相关规范要求时回填土方或不对称回填土方施工
	降水	SJ－Z012	降水期间对影响范围建筑物未进行安全监测
		SJ－Z013	降水井(管)未设反滤层或反滤层损坏
	高边坡	SJ－Z014	未按规定进行边坡稳定检测
		SJ－Z015	坡顶坡面未进行清理,或无截排水设施,或无防护措施
		SJ－Z016	交叉作业无防护措施

续附表 3-1

类别	管理环节	隐患编号	隐患内容
三、专项工程	起重吊装与运输	SJ－Z017	起重机械上安装非原制造厂制造的标准节和附着装置且无方案及检测
		SJ－Z018	未按相关规范或方案安装拆除起重设备
		SJ－Z019	使用未经检验或检验不合格的起重设备
		SJ－Z020	同一作业区多台起重设备运行无防碰撞方案或未按方案实施
		SJ－Z021	起重机械安全、保险装置缺失
		SJ－Z022	吊笼钢结构井架强度、刚度和稳定性不满足安全要求
		SJ－Z023	起重臂、钢丝绳、重物等与架空输电线路间允许最小距离不满足相关规范规定
		SJ－Z024	使用达到报废标准的钢丝绳或钢丝绳的安全系数不符合相关规范规定
		SJ－Z025	船舶运输时非法携带雷管、炸药、汽油、香蕉水等易燃易爆危险品；在装运易燃易爆危险品的专用船上吸烟和使用明火
	脚手架	SJ－Z026	脚手架未进行专门设计，无专项方案
		SJ－Z027	脚手架未经验收或验收不合格投入使用
		SJ－Z028	吊篮未经检测、验收或无独立安全绳
	地下工程	SJ－Z029	施工方法不符合设计或方案要求
		SJ－Z030	未按要求进行超前地质预报、监控量测
		SJ－Z031	未按规定对作业面进行有毒有害气体监测
		SJ－Z032	瓦斯浓度达到限值
		SJ－Z033	未按规定设置通风设施
		SJ－Z034	开挖前未对掌子面及其临近的拱顶、拱腰围岩进行排险处理，或相向开挖的两端在相距 30 m 以内时装炮作业前，未通知另一端停止工作并退到安全地点，或相向开挖作业两端相距 15 m 时，一端未停止掘进，单向贯通的，或斜（竖）井相向开挖距贯通尚有 5 m 长地段，未采取自上端向下打通
		SJ－Z035	未按要求支护或支护体材质（拱架、各类锚杆、钢筋混凝土等）不符合要求
		SJ－Z036	隧洞内存放、加工、销毁民用爆炸物品
		SJ－Z037	隧洞进出口及交叉洞未按规定进行加固
		SJ－Z038	隧洞进出口无防护棚

续附表 3-1

类别	管理环节	隐患编号	隐患内容
三、专项工程	爆破作业	SJ－Z039	无爆破设计，或未按爆破设计作业
		SJ－Z040	地下挖井，洞内空气含沼气或二氧化碳浓度超过 1% 时未停止爆破作业
		SJ－Z041	未设置警戒区，或未按规定进行警戒
		SJ－Z042	无统一的爆破信号和爆破指挥
		SJ－Z043	装药、起爆作业无专人监督
		SJ－Z044	起爆前未进行全面清场确认
		SJ－Z045	爆破后未进行检查确认，或未排险立即施工
		SJ－Z046	爆破器材库房未进行专门设计，或未按专门设计建设，或未验收投入使用
		SJ－Z047	使用非专用车辆运输民用爆炸物品或人药混装运输
		SJ－Z048	爆破器材库区照明未采用防爆型电器
	模板工程	SJ－Z049	支架基础承载力不符合方案设计要求
		SJ－Z050	未按相关规范或方案要求安装或拆除沉箱、胸墙、闸墙等处的模板(包括翻模、爬(滑)模、移动模架等)
		SJ－Z051	支架立杆采用搭接、水平杆不连续、未按规定设置剪刀撑、扣件紧固力不符合要求
		SJ－Z052	采用挂篮法施工未平衡浇筑；挂篮拼装后未预压、锚固不规范；混凝土强度未达到要求或恶劣天气移动挂篮
		SJ－Z053	各类模板未经验收或验收不合格即转序施工
	拆除工程	SJ－Z054	无专项拆除设计施工方案，或未对施工作业人员进行安全技术交底
		SJ－Z055	拆除施工前，未切断或迁移水、电、气、热等管线
		SJ－Z056	未根据现场情况进行安全隔离，设置安全警示标志，并设专人监护
		SJ－Z057	围堰拆除未进行专门设计论证，编制专项方案，或无应急预案
		SJ－Z058	爆破拆除未进行专门设计，编制专项施工方案，或未按专项方案作业，或未对保留的结构部分采取可靠的保护措施
	危险物品	SJ－Z059	易燃、可燃液体的储罐区，堆场与建筑物的防火间距小于相关规范的规定
		SJ－Z060	油库、爆破器材库等易燃易爆危险品库房未专门设计，或未经验收或验收不合格投入使用
		SJ－Z061	有毒有害物品储存仓库与车间、办公室、居民住房等安全防护距离小于 100 m
		SJ－Z062	未根据化学危险物品的种类、性能设置相应的通风、防火、防爆、防毒、监测、报警、降温、防潮、避雷、防静电、隔离操作等安全设施
		SJ－Z063	油库(储量:汽油 20 t 或柴油 50 t 及以上)、炸药库(储量:炸药 1 t及以上)未按规定管理

续附表 3-1

类别	管理环节	隐患编号	隐患内容
三、专项工程	消防安全	SJ－Z064	施工生产作业区与建筑物之间的防火安全距离不满足相关规范规定，金属夹芯板材燃烧性能等级未达到 A 级
		SJ－Z065	施工现场动火作业未按规定办理动火审批手续，且周围有易燃易爆物品，未采取安全防护和隔离措施
		SJ－Z066	加工区、生活区、办公区等防火或临时用电未按规范实施
		SJ－Z067	未独立设置易燃易爆危险品仓库
		SJ－Z068	重点消防部位未按规定设置消防设施和配备消防器材
	特种设备	SJ－Z069	使用的特种设备达到设计使用年限，未按照安全技术规范的要求通过检验或者安全评估
		SJ－Z070	特种设备安装拆除无专项方案，或未按相关规范或方案安装拆除
		SJ－Z071	特种设备未经检测或检测不合格使用
		SJ－Z072	特种设备未按规定验收
		SJ－Z073	特种设备安全、保险装置缺少或失灵、失效
		SJ－Z074	起重钢丝绳的规格、型号不符合说明书要求，无钢丝绳防脱槽装置，使用达到报废标准的钢丝绳或钢丝绳的安全系数不符合相关规范规定
四、其他	水上（下）作业	SJ－Q001	通航水域施工未办理施工许可证
		SJ－Q002	无专项施工方案，或无应急预案，或救生设施配备不足
		SJ－Q003	运输船舶无配载图，超航区运输
		SJ－Q004	工程船舶改造、船舶与陆用设备组合作业未按规定验算船舶稳定性和结构强度等
		SJ－Q005	水下爆破未经批准作业
		SJ－Q006	潜水作业未指定专人负责通信和配气或未明确线绳员
	有限空间作业	SJ－Q007	未做到“先通风、后检测、再作业”或通风不足、检测不合格作业
		SJ－Q008	在贮存易燃易爆的液体、气体、车辆容器等的库区内从事焊接作业
		SJ－Q009	人工挖孔桩衬砌混凝土搭接高度、厚度和强度不符合设计要求
	安全防护	SJ－Q010	建筑（构）物洞口、临边、交叉作业无防护或防护体刚度、强度不符合要求
		SJ－Q011	垂直运输接料平台未设置安全门或无防护栏杆，进料口无防护棚
	液氨制冷	SJ－Q012	制冷车间无通（排）风措施或排风量不符合要求或排（吸）管处未设止逆阀；安全出口的布置不符合要求
		SJ－Q013	无应急预案
		SJ－Q014	制冷车间无泄漏报警装置
		SJ－Q015	制冷系统未经验收或验收不合格投入运行
		SJ－Q016	压力容器本体及附件未按规定检测或制冷系统的贮液器氨贮存量不符合规定

附表 3-2　水利工程建设项目生产安全重大事故隐患综合判定清单(指南)

<table>
<tr><th colspan="3">一、基础管理</th></tr>
<tr><td></td><td>基础条件</td><td>重大事故隐患判据</td></tr>
<tr><td>1</td><td>安全管理制度、安全操作规程和应急预案不健全</td><td rowspan="9">满足全部基础条件 + 任意 2 项隐患</td></tr>
<tr><td>2</td><td>未按规定组织开展安全检查和隐患排查治理</td></tr>
<tr><td>3</td><td>安全教育和培训不到位或相关岗位人员未持证上岗</td></tr>
<tr><td>隐患编号</td><td>隐患内容</td></tr>
<tr><td>SJ－JZ001</td><td>未按规定进行安全技术交底</td></tr>
<tr><td>SJ－JZ002</td><td>隐患排查治理情况未按规定向从业人员通报</td></tr>
<tr><td>SJ－JZ003</td><td>超过一定规模的危险性较大的单项工程未组织专家论证或论证后未经审查</td></tr>
<tr><td>SJ－JZ004</td><td>应当验收的危险性较大的单项工程专项施工方案未组织验收或验收不符合程序</td></tr>
</table>

<table>
<tr><th colspan="3">二、专项工程－临时用电</th></tr>
<tr><td></td><td>基础条件</td><td>重大事故隐患判据</td></tr>
<tr><td>1</td><td>安全管理制度、安全操作规程和应急预案不健全</td><td rowspan="12">满足全部基础条件 + 任意 3 项隐患</td></tr>
<tr><td>2</td><td>未按规定组织开展安全检查和隐患排查治理</td></tr>
<tr><td>3</td><td>安全教育和培训不到位或相关岗位人员未持证上岗</td></tr>
<tr><td>隐患编号</td><td>隐患内容</td></tr>
<tr><td>SJ－ZDZ001</td><td>配电线路电线绝缘破损、带电金属导体外露</td></tr>
<tr><td>SJ－ZDZ002</td><td>专用接零保护装置不符合相关规范要求或接地电阻达不到要求</td></tr>
<tr><td>SJ－ZDZ003</td><td>漏电保护器的漏电动作时间或漏电动作电流不符合相关规范要求</td></tr>
<tr><td>SJ－ZDZ004</td><td>配电箱无防雨措施</td></tr>
<tr><td>SJ－ZDZ005</td><td>配电箱无门、无锁</td></tr>
<tr><td>SJ－ZDZ006</td><td>配电箱无工作零线和保护零线接线端子板</td></tr>
<tr><td>SJ－ZDZ007</td><td>交流电焊机未设置二次侧防触电保护装置</td></tr>
<tr><td>SJ－ZDZ008</td><td>一闸多用</td></tr>
</table>

<table>
<tr><th colspan="3">三、专项工程－深基坑(槽)</th></tr>
<tr><td></td><td>基础条件</td><td>重大事故隐患判据</td></tr>
<tr><td>1</td><td>安全管理制度、安全操作规程和应急预案不健全</td><td rowspan="7">满足全部基础条件 + 任意 2 项隐患</td></tr>
<tr><td>2</td><td>未按规定组织开展安全检查和隐患排查治理</td></tr>
<tr><td>3</td><td>安全教育和培训不到位或相关岗位人员未持证上岗</td></tr>
<tr><td>隐患编号</td><td>隐患内容</td></tr>
<tr><td>SJ－ZSZ001</td><td>基坑(槽)周边 1 m 范围内随意堆物、停放设备</td></tr>
<tr><td>SJ－ZSZ002</td><td>基坑(槽)顶无排水设施</td></tr>
<tr><td>SJ－ZSZ003</td><td>变形观测资料不全</td></tr>
</table>

续附表 3-2

四、专项工程 - 起重吊装与运输		
	基础条件	重大事故隐患判据
1	安全管理制度、安全操作规程和应急预案不健全	满足全部基础条件 + 任意 2 项隐患
2	未按规定组织开展安全检查和隐患排查治理	
3	安全教育和培训不到位或相关岗位人员未持证上岗	
隐患编号	隐患内容	
SJ - JDZ001	起重机械基础承载力不符合说明书要求	
SJ - JDZ002	井架及物料提升机载人	
SJ - JDZ003	电动卷扬机卷筒上钢丝绳余留圈数少于 3 圈或无防脱绳保护装置	
SJ - JDZ004	钢构件或重大设备起吊时,使用摩擦式或皮带式卷扬机	
五、专项工程 - 地下工程		
	基础条件	重大事故隐患判据
1	安全管理制度、安全操作规程和应急预案不健全	满足全部基础条件 + 任意 2 项隐患
2	未按规定组织开展安全检查和隐患排查治理	
3	安全教育和培训不到位或相关岗位人员未持证上岗	
隐患编号	隐患内容	
SJ - ZWZ001	雨季、融雪季节边坡、仰坡施工排险、防护措施不足	
SJ - ZWZ002	边坡、仰坡开挖未施做排水系统,岩堆、松散岩体或滑坡地段的边坡开挖、排险、防护措施不足	
SJ - ZWZ003	雨季、融雪季节,浅埋或地表径流地段未开展地表监测	满足全部基础条件 + 任意 2 项隐患
SJ - ZWZ004	未按规定进行盲炮处理	
SJ - ZWZ005	残留炮孔内(套孔)钻孔作业	
SJ - ZWZ006	未按规定进行爆破公示	
SJ - ZWZ007	爆破信号不明确	
六、其他		
	基础条件	重大事故隐患判据
1	安全管理制度、安全操作规程和应急预案不健全	满足全部基础条件 + 任意 1 项隐患
2	未按规定组织开展安全检查和隐患排查治理	
3	安全教育和培训不到位或相关岗位人员未持证上岗	
隐患编号	隐患内容	
SJ - QZ001	有度汛要求的工程,工程进度不满足度汛要求	
SJ - QZ002	人员集中区域(场所、设施)的活动无应急措施	
SJ - QZ003	采用国家明令淘汰的危及生产安全的工艺、设备	

附录4　水利建设工程文明工地考核赋分标准(试行)

说　明

一、根据《水利建设工程文明工地创建管理办法》确定的文明工地,应符合本标准设立的考核项目及赋分标准。

二、赋分标准按1 000分设置,由体制机制健全、质量管理到位、安全施工到位、环境和谐有序、文明风尚良好和创建措施有力等六个方面组成;对应各项标准的考核内容和分值,共分38项指标设立标准分(见附表4-1)。其中:

1. 体制机制健全标准通过对项目建设基本程序、项目建设管理制度、项目建设管理、工程建设目标受控等4项指标进行考核,标准分100分。

2. 质量管理到位标准通过对质量体系建设、责任制落实、质量检测与评定、工程质量隐患和防范、工程实体质量和质量档案管理等6项指标进行考核,标准分200分。

3. 安全施工到位标准通过对制度建设及责任制、应急预案、“四新”技术应用措施及资源配置、安全生产许可、施工人员职业道德和培训、施工作业规范、安全生产检查及现状、安全施工环境及氛围等8项指标进行考核,标准分200分。

4. 环境和谐有序标准通过对施工现场管理、施工场地建设与管理、办公和生活区管理、社会治安综合治理、生态环境建设、施工伤害防治、移民安置等7项指标进行考核,标准分260分。

5. 文明风尚良好标准通过对和谐共建、学习及培训、从业人员行为准则履行、宣传警示标牌设置、业余文体活动、党风廉政建设、稽查审计及信用状况等7项指标进行考核,标准分140分。

6. 创建措施有力标准通过对创建组织及措施、创建制度与方案、创建措施、创建参与度和创建形式多样、创建创新和考核激励、创建和申报资料等6项指标进行考核,标准分100分。

三、赋分说明:本标准为申报项目自评赋分、申报项目上级水行政主管部门考核赋分和水利部专家审查赋分的依据;申报项目自评赋分需有项目法人单位组织参建各方共同进行;申报项目上级水行政主管部门考核赋分需由考核单位组织相关专家进行。

四、推荐申报项目需达到850分以上,且体制机制健全、质量管理到位、安全施工到位、环境和谐有序、文明风尚良好和创建措施有力等六个方面标准考核分数均不低于该类别总分的80%。

附表 4-1 水利建设工程文明工地考核赋分标准

考核内容		标准分	赋分原则
总分		1 000	
一、体制机制健全		100	
1. 项目基本建设程序	项目建设严格按照基本建设程序进行，管理工作符合国家有关规定。项目建议书、可行性研究、初步设计等，所有规范明确的建设程序均有批复	10	此项赋分由两部分组成： ①建设程序合规性，得 0 ~ 5 分； ②项目建议书、可行性研究、初步设计等建设程序执行情况，得 0 ~ 5 分
2. 项目建设管理制度	按规定组建项目法人，有关部门职责、岗位职责、质量控制、安全生产、合同管理等规章制度的完备。项目建设管理体制，包括项目法人责任制、招标投标制、建设监理制和合同管理制等	30	此项赋分由两部分组成： ①项目法人的组建，得 0 ~ 10 分； ②四项制度的执行，得 0 ~ 20 分
3. 项目建设管理	建立健全项目建设管理内控机制，岗位职责、现场管理、风险管理等各项规章制度健全。按规定落实安全生产和文明施工措施费，建立《安全生产和文明施工措施费使用制度》，并使用到位	30	此项赋分由三部分组成： ①建设管理内控机制建立，得 0 ~ 10 分； ②岗位职责、现场管理和风险管理等各项规章制度，得 0 ~ 10 分； ③安全生产和文明施工措施费制度建设、投入和使用情况，得 0 ~ 10 分
4. 工程建设目标受控	工程建设各阶段、各合同建设目标受控。 工程明确创优目标（主要指工程质量创优、设计创优等方面），创优规划和措施落实	30	此项赋分由三部分组成： ①各阶段、各合同建设目标的完成，得 0 ~ 20 分； ②创优目标的设立，得 0 ~ 5 分； ③创优规划和措施落实，得 0 ~ 5 分
二、质量管理到位		200	
5. 质量体系建设	质量管理体系完善，有效开展各项质量管理活动，确保质量管理方针和目标的实现；质量保证体系健全，各单位、各部门、各环节的质量管理活动组织严密，任务、职责和权限明确，相互协调、相互促进，确保工程质量。 质量监督体系健全，管理到位；严格按照“三不放过原则”及时处理施工建设过程中的质量事故等	30	此项赋分由三部分组成： ①质量管理体系的建立和落实，得 0 ~ 10 分； ②质量保证体系的建立和落实，得 0 ~ 10 分； ③质量监督体系的建立和落实，得 0 ~ 10 分

续附表 4-1

考核内容		标准分	赋分原则
6. 责任制落实	参建各方质量主体责任制落实	40	此项赋分由四部分组成: ①项目法人质量责任制的落实,得 0 ~ 10 分; ②设计单位的设计成果质量、设计图纸供给和现场服务责任制的落实,得 0 ~ 10 分; ③监理单位责任制的落实,得 0 ~ 10 分; ④施工单位责任制的落实,得 0 ~ 10 分
7. 质量检测与评定	根据相关规范进行施工质量检测,质量检测规范; 严格按照相关规范进行质量评定,评定及时、准确、合规	30	此项赋分由两部分组成: ①质量检测情况,得0 ~ 15分; ②质量评定情况,得 0 ~ 15 分
8. 工程质量隐患和防范	工程质量隐患排查到位,质量风险防范措施有力,工程质量得到有效控制,未发生较大质量缺陷、一般质量事故	40	此项赋分由三部分组成: ①工程质量隐患排查,得 0 ~ 15 分; ②质量风险防范措施有力,得 0 ~ 15 分; ③质量缺陷及质量事故情况,得 0 ~ 10 分
9. 工程实体质量	工程实体质量、外观质量优良,单元工程优良率 70% 以上;质量缺陷处理及时	40	此项赋分由三部分组成: ①工程实体质量,得 0 ~ 20 分; ②工程外观质量,得 0 ~ 10 分; ③质量缺陷处理,得 0 ~ 10 分
10. 质量档案管理	质量档案管理制度健全,管理规范,归档及时,资料真实可靠	20	此项赋分由两部分组成: ①管理制度的建立,得 0 ~ 10 分; ②规范管理,得 0 ~ 10 分
三、安全施工到位		200	
11. 制度建设及责任制	安全生产责任制及规章制度完善,落实到位	20	此项赋分由两部分组成: ①安全生产责任制及规章制度的制定和完善,得 0 ~ 10 分; ②安全生产责任制及规章制度的落实,得 0 ~ 10 分
12. 应急预案	有防汛预案、事故处理应急预案等;各类预案中措施具体,针对性、可操作性强	20	此项赋分由两部分组成: ①各类应急预案,得 0 ~ 10 分; ②应急预案的针对性、可操作性,得 0 ~ 10 分

续附表 4-1

考核内容		标准分	赋分原则
13.“四新”技术应用措施及资源配置	根据工程特点,应用新技术、新材料、新设备和新工艺等各类措施及相应的资源配置到位,文明施工	30	此项赋分由两部分组成: ①“四新”技术应用措施,得0~15分; ②相关资源配置,得0~15分
14. 安全生产许可	施工安全生产许可手续健全,各类人员持证上岗	30	此项赋分由两部分组成: ①安全生产许可手续,得0~15分; ②各类人员持证上岗情况,得0~15分
15. 施工人员职业道德和培训	施工人员爱岗敬业、团结互助、安全生产; 新员工三级安全教育培训	20	此项赋分由两部分组成: ①施工人员爱岗敬业、团结互助、安全生产情况,得0~10分; ②三级安全教育培训到位,得0~10分
16. 施工作业规范	施工前,必须编制施工组织设计及项目管理方案,并经过审批;严格按照施工组织设计及项目管理方案组织人员、机械设备和材料等进场,并向各专业施工技术人员进行技术交底等;各类人员持证上岗,无违章作业行为发生	30	此项赋分由三部分组成: ①施工组织设计及项目管理方案的编制,得0~10分; ②施工组织设计及项目管理方案的落实和现状,得0~10分; ③各类人员持证上岗情况,得0~10分
17. 安全生产检查及现状	建立健全安全生产检查制度;按照制度进行定期和不定期的安全生产检查;检查内容齐全,记录规范	30	此项赋分由三部分组成: ①安全生产检查制度的建设,得0~10分; ②安全生产检查制度的落实,得0~10分; ③检查内容和记录等,得0~10分
18. 安全施工环境及氛围	工地文明施工,安全生产环境和氛围良好	20	安全生产氛围,得0~20分
四、环境和谐有序		260	
19. 施工现场管理	施工现场总体布置合理、有序;材料、设备堆放有序,机具停放整齐,管理到位	40	此项赋分由两部分组成: ①施工现场总体布置,得0~15分; ②材料、设备堆放及机具停放管理,得0~25分

续附表 4-1

考核内容		标准分	赋分原则
20. 施工场地建设与管理	施工现场“四通一平”状况良好;施工道路平整、畅通,满足日常施工要求;施工道路日常维修养护及时,无散落物、不扬尘;施工现场排水畅通,无严重积水和泥浆、污水、废水等外流或堵塞等现象发生;建筑垃圾集中堆放管理并及时清运,无燃烧建筑垃圾及有害物质等现象发生;危险部位应有安全标志,夜间施工照明布置合理,光线良好	40	此项赋分由五部分组成: ①“四通一平”状况,得 0 ~ 10 分; ②施工道路建设与养护,得 0 ~ 5分; ③施工现场排水,得 0 ~ 10 分; ④建筑垃圾管理,得 0 ~ 5 分; ⑤危险部位安全标志与夜间施工照明布置,得 0 ~ 10 分
21. 办公区和生活区管理	办公区、生活区布置合理,设置标准统一,并符合消防安全和国家有关规定;内外环境干净、整洁,卫生防疫制度健全、责任制落实,卫生状况良好;有专人管理,并建立管理和检查制度,有检查记录	40	此项赋分由四部分组成: ①办公区、生活区布置合理,得 0 ~ 10 分; ②办公区、生活区设置标准,得 0 ~ 10 分; ③制度健全、责任制落实和内外环境状况,得 0 ~ 10 分; ④管理和检查制度及记录等,得 0 ~ 10 分
22. 社会治安综合治理	工地社会治安综合治理制度健全,安全保卫责任落实;配备有专用的安全保卫器材等;各项防范措施和应急预案有效,落实到位	30	此项赋分由三部分组成: ①制度建设与责任制落实,得 0 ~ 10 分; ②器材配备,得 0 ~ 10 分; ③防范措施和应急预案,得 0 ~ 10 分
23. 生态环境建设	工地生态环境建设纳入设计,有计划、有措施、有效果	30	此项赋分由两部分组成: ①生态建设实施计划,得 0 ~ 10 分; ②实施措施和效果,得 0 ~ 20 分
24. 施工伤害防治	建立健全施工伤害防治制度和机构,设立专(兼)职监督员,有危害事故应急救援预案,可操作性强;加强施工作业人员上岗前教育和培训;做好防尘、毒、射线、噪声,以及防氮气窒息等防护设施的管理、使用、维护和检查,确保其处于完好状态,未经主管部门允许,不得擅自拆除或停止使用;提供有效的个体职业卫生防护用品,管理到位	60	此项赋分由四部分组成: ①防治制度和机构建设及危害事故应急救援预案,得0 ~ 15分; ②教育与培训,得 0 ~ 15 分; ③防尘、毒、射线、噪声,以及防氮气窒息等防护设施的管理、使用、维护和检查,得 0 ~ 15 分; ④防护用品的管理,得 0 ~ 15 分

续附表 4-1

考核内容		标准分	赋分原则
25. 移民安置	严格执行移民政策，科学、合理地安排实施计划，工作深入细致，征地拆迁和移民安置工作及时；及时足额兑现移民补偿资金，确保移民群众的利益，无强拆和恶意拖欠补偿资金等现象发生	20	此项赋分由两部分组成： ①征地拆迁和移民安置的实施，得 0～10 分； ②移民补偿资金的兑现等，得 0～10 分
五、文明风尚良好		140	
26. 和谐共建	各参建单位之间关系融洽、工作协调，无推诿扯皮等影响工程建设的现象发生； 注意与工程所在地各个方面的关系，与当地政府、企业和群众等的关系良好，和谐共建	30	此项赋分由两部分组成： ①参建单位间的协作，得 0～20 分； ②与当地各方的关系，得 0～10 分
27. 学习及培训	职工安全意识教育、劳动技能、精神文明等理论学习、思想教育、法制教育制度化、常态化，教育和培训效果明显	15	此项赋分由两部分组成： ①学习教育和培训制度建设，得 0～5 分； ②学习和培训次数及效果，得 0～10 分
28. 从业人员行为准则履行	职工遵守职业道德和纪律，践行敬业、诚信精神，遵守从业人员行为准则	15	职工遵守职业道德和纪律，从业人员行为准则执行情况，得 0～15 分
29. 宣传警示标牌设置	工地宣传、激励形式多样，安全、文明和警示(指社会治安综合治理等方面)等的标语、宣传牌、宣传栏和警示标牌齐全、醒目	15	此项赋分由两部分组成： ①宣传、激励形式，得 0～5 分； ②标语、宣传牌、宣传栏和警示标牌的设置，得 0～10 分
30. 业余文体活动	工地有良好的文明氛围，有必要的文体生活设施，职工文体生活丰富多彩、活动形式多样，队伍精神面貌良好	20	此项赋分由两部分组成： ①文体生活设施建设，得 0～10 分； ②活动形式和内容，得 0～10 分
31. 党风廉政建设	加强党风廉政建设，严格监督，遵纪守法，保证干部安全的各项措施落实到位，执行效果好	15	此项赋分由两部分组成： ①党风廉政建设各项措施制定，得 0～5 分； ②各项措施执行效果，得 0～10 分

续附表 4-1

考核内容		标准分	赋分原则
32. 稽察审计及信用状况	稽查、审计及各类检查中无重大问题；创建单位无不良行为记录	30	此项赋分由三部分组成： ①稽察、审计情况，得 0 ~ 10 分； ②各类检查情况，得 0 ~ 10 分； ③无不良行为记录，得 0 ~ 10 分
六、创建措施有力		100	
33. 创建组织及措施	参建各方关系融洽，有创建文明工地的组织机构；精神文明建设的制度健全，创建措施和活动落实	10	此项赋分由两部分组成： ①创建组织机构设置和制度的建立，得 0 ~ 5 分； ②创建措施和活动，得 0 ~ 5 分
34. 创建制度与方案	创建制度完善，并及时发布；创建计划（方案）周密	20	此项赋分由三部分组成： ①创建制度的制定，得 0 ~ 10 分； ②创建制度的发布，得 0 ~ 5 分； ③制定文明工地创建计划（方案），得 0 ~ 5 分
35. 创建措施	创建组织到位，措施落实	20	此项赋分由两部分组成： ①创建措施的可行性，得 0 ~ 10 分； ②创建措施的落实，得 0 ~ 10 分
36. 创建参与度和创建形式多样	项目法人、设计、施工及监理等单位全员参加创建活动，参与度高。创建活动形式多样，氛围浓厚	20	此项赋分由两部分组成： ①创建活动参建各方参与度，得 0 ~ 10 分； ②创建活动形式多样，得 0 ~ 10 分
37. 创建创新和考核激励	创建内容、手段、载体新颖，常创常新；创建活动考核制度健全，激励机制有效，不断提高创建水平	20	此项赋分由两部分组成： ①创建内容、手段和载体创新，得 0 ~ 10 分； ②创建考核制度健全，激励机制有效，得 0 ~ 10 分
38. 创建和申报资料	创建资料齐全、档案完整，便于检索查阅； 申报资料真实完整、手续齐全	10	此项赋分由两部分组成： ①创建资料齐全、档案完整，便于检索查阅，得 0 ~ 5 分； ②申报资料真实完整、手续齐全，得 0 ~ 5 分

附录 5　手册配套检查表

附表 5-1　安全管理检查评分表

序号	检查项目		扣分标准	应得分数	扣减分数	实得分数
1	保证项目	安全生产责任制	未建立安全生产责任制,扣 10 分 安全生产责任制未经责任人签字确认,扣 3 分 未制定各工种安全技术操作规程,扣 10 分 未按规定配备专职安全员,扣 2 ~ 10 分 工程项目部承包合同中未明确安全生产考核指标,扣 8 分 未制定安全资金保障制度,扣 5 分 未编制并实施安全资金使用计划,扣 2 ~ 5 分 未制定安全生产管理目标(伤亡控制、安全达标、文明施工),扣 5 分 未进行安全责任目标分解,扣 5 分 未建立安全生产责任制、责任目标考核制度,扣 5 分 未按考核制度对管理人员定期考核,扣 2 ~ 5 分	10		
2		施工组织设计	施工组织设计中未制定安全措施,扣 10 分 危险性较大的分部分项工程未编制安全专项施工方案,扣 3 ~ 8 分 未按规定对专项方案进行专家论证,扣 10 分 施工组织设计、专项方案未经审批,扣 10 分 安全措施、专项方案无针对性或缺少设计计算,扣 6 ~ 8 分 未按方案组织实施,扣 5 ~ 10 分	10		
3		安全技术交底	未采取书面安全技术交底,扣 10 分 未按分部分项进行交底,扣 5 分 交底内容针对性不强,扣 3 ~ 5 分 交底内容不全面,扣 4 分 交底未履行签字手续,扣2 ~ 4分	10		
4		安全检查	未建立安全检查(定期、季节性)制度,扣 5 分 未留有定期、季节性安全检查记录,扣 5 分 事故隐患的整改未做到定人、定时间、定措施,扣 2 ~ 6 分 对重大事故隐患整改通知书所列项目未按期整改和复查,扣 8 分	10		

续附表 5-1

序号	检查项目		扣分标准	应得分数	扣减分数	实得分数
5	保证项目	安全教育	未建立安全培训、教育制度,扣 10 分 新入场工人未进行三级安全教育和考核,扣 10 分 未明确具体安全教育内容,扣 6 ~ 8 分 变换工种或采用新技术、新工艺、新设备、新材料施工时未进行安全教育,扣 10 分 施工管理人员、专职安全员未按规定进行年度培训考核,扣 5 分	10		
6		应急预案	未制定安全生产应急预案,扣 10 分 未建立应急救援组织、配备救援人员,扣 3 ~ 6 分 未配置应急救援器材和设备,扣 5 分 未进行应急救援演练,扣 5 分	10		
		小计		60		
7	一般项目	分包单位安全管理	分包单位资质、资格、分包手续不全或失效,扣 10 分 未签订安全生产协议书,扣 5 分 分包合同、安全协议书,签字盖章手续不全,扣 2 ~ 6 分 分包单位未按规定建立安全组织、配备安全员,扣 3 分	10		
8		持证上岗	未经培训从事施工、安全管理和特种作业,每人扣 5 分 项目经理、专职安全员和特种作业人员未持证上岗,每人扣 2 分	10		
9		生产安全事故处理	生产安全事故未按规定报告,扣 10 分 生产安全事故未按规定进行调查分析处理,制定防范措施,扣 10 分 未办理工伤保险,扣 5 分	10		
10		安全标志	主要施工区域、危险部位、设施未按规定悬挂安全标志,扣 5 分 未按部位和现场设施的改变调整安全标志设置,扣 5 分 未设置重大危险源公示牌,扣 5 分	10		
		小计		40		
检查项目合计				100		

附表 5-2 文明施工检查评分表

序号	检查项目		扣分标准	应得分数	扣减分数	实得分数
1	保证项目	现场围挡	在市区主要路段的工地周围未设置封闭围挡或围挡高度小于 2.5 m，扣 10 分 一般路段的工地未设置封闭围挡或围挡高度小于 1.8 m，扣 10 分 围挡材料不坚固、不稳定、不整洁、不美观，扣 5 ~ 7 分	10		
2		封闭管理	施工现场出入口未设置大门，扣 10 分 未设置门卫室，扣 5 分 未设门卫或未建立门卫制度，扣 2 ~ 6 分 施工现场出入口未标有企业名称或标识，扣 2 分 未设置车辆冲洗设施，扣 3 分	10		
3		施工场地	施工现场主要道路及材料加工区地面未进行硬化处理，扣 5 分 现场道路不畅通、路面不平整坚实，扣 5 分 施工现场未采取防尘措施，扣 5 分 排水设施不齐全或排水不通畅、有积水，扣 4 分 未采取防止泥浆、污水、废水污染环境的措施，扣 2 ~ 10 分 未设置吸烟处、随意吸烟，扣 2 分 温暖季节未进行绿化布置，扣 3 分	10		
4		现场材料	建筑材料、构件、料具不按总平面布局码放，扣 4 分 材料布局不合理、堆放不整齐，未标明名称、规格，扣 2 分 施工现场材料存放未采取防火、防锈蚀、防雨措施，扣 3 ~ 10 分 建筑物内施工垃圾的清运，未采用合理器具或随意凌空抛掷，扣 5 分 易燃易爆物品未分类储藏在专用库房，未采取防火措施，扣 5 ~ 10 分	10		
5		现场住宿	施工作业区、材料存放区与办公、生活区未采取隔离措施，扣 6 分 宿舍、办公用房防火等级不符合有关消防安全技术规范要求，扣 10 分 施工棚、伙房、库房兼作住宿，扣 10 分 宿舍未设置可开启式窗户，扣 4 分 宿舍未设置床铺、床铺超过 2 层、使用通铺、未设置通道或通道宽度小于 0.9 m，扣 2 ~ 6 分 宿舍人均面积或人员数量不符合相关规范要求，扣 5 分 宿舍未采取保暖和防煤气中毒措施，扣 5 分 宿舍未采取消暑和防蚊蝇措施，扣 5 分 生活用品摆放混乱、环境不卫生，扣 3 分	10		

续附表 5-2

序号	检查项目		扣分标准	应得分数	扣减分数	实得分数
6	保证项目	现场防火	施工现场未制定消防安全管理制度、消防措施，扣10分 施工现场临时用房和作业场所的防火设计不符合相关规范要求，扣10分 施工现场消防通道、消防水源的设置不符合相关规范要求，扣5～10分 灭火器材布局、配置不合理或灭火器材失效，扣5分 未办理动火审批手续或无动火监护人员，扣5～10分	10		
		小计		60		
7	一般项目	治安综合治理	生活区未给作业人员设置学习和娱乐场所，扣4分 未建立治安保卫制度、责任未分解到人，扣3～5分 未制定治安防范措施，扣3～5分	10		
8		施工现场标牌	大门口处设置的“五牌两图”内容不全，缺一项扣2分 标牌不规范、不整齐，扣3分 未张挂安全标语，扣5分 未设置宣传栏，扣4分	10		
9		生活设施	未建立卫生责任制度，扣5分 食堂与厕所、垃圾站、有毒有害场所距离较近，扣6分 食堂未办理卫生许可证或未办理炊事人员健康证，扣5分 食堂使用的燃气罐未单独设置存放间或存放间通风条件不好，扣4分 食堂未配备排风、冷藏、隔油池、防鼠等设施，扣4分 厕所内的设施数量或布局不符合相关规范要求，扣6分 厕所不符合卫生要求，扣4分 不能保证现场人员卫生饮水，扣5分 未设置淋浴室或淋浴室不能满足现场人员需求，扣4分 生活垃圾未装容器或未及时清理，扣3～5分	10		
10		社区服务	夜间未经许可施工，扣8分 施工现场焚烧各类废弃物，扣8分 未采取防粉尘、防噪声、防光污染措施，扣5分 未建立施工不扰民措施，扣5分	10		
		小计		40		
检查项目合计				100		

附表 5-3 施工用电检查评分表

序号	检查项目		扣分标准	应得分数	扣减分数	实得分数
1	保证项目	外电防护	外电线路与在建工程(含脚手架)、起重机械、场内机动车道之间小于安全距离且未采取防护措施,扣10分 防护设施未设置明显的警示标志,扣5分 防护设施与外电线路的安全距离及搭设方式不符合相关规范要求,扣5~10分 在外电架空线路正下方施工、建造临时设施或堆放材料物品,扣10分	10		
2		接地与接零保护系统	施工现场专用变压器配电系统未采用TN-S接零保护方式,扣20分 配电系统未采用同一保护方式,扣10~20分 保护零线引出位置不符合相关规范要求,扣10~20分 保护零线装设开关、熔断器或与工作零线混接,扣10~20分 保护零线材质、规格及颜色标记不符合相关规范要求,每处扣3分 电气设备未接保护零线,每处扣3分 工作接地与重复接地的设置和安装不符合相关规范要求,扣10~20分 工作接地电阻大于4 Ω,重复接地电阻大于10 Ω,扣10~20分 施工现场防雷措施不符合相关规范要求,扣5~10分	20		
3		配电线路	线路老化破损,接头处理不当,扣10分 线路未设短路、过载保护,扣5~10分 线路截面不能满足负荷电流,每处扣2分 线路架设或埋设不符合相关规范要求,扣5~10分 电缆沿地面明敷或沿脚手架、树木等敷设或敷设不符合相关规范要求,扣5~10分 未使用符合相关规范要求的电缆线路,扣10分 电杆、横担、支架不符合相关规范要求,每处扣2分	10		

续附表 5-3

序号	检查项目		扣分标准	应得分数	扣减分数	实得分数
4	保证项目	配电箱与开关箱	配电系统未按“三级配电、二级漏电保护”设置,扣10~20分 用电设备违反“一机、一闸、一漏、一箱”,每处扣5分 配电箱与开关箱结构设计、电器设置不符合相关规范要求,扣10~20分 总配电箱与开关箱未安装漏电保护器,每处扣5分 漏电保护器参数不匹配或失灵,每处扣3分 配电箱与开关箱内闸具损坏,每处扣3分 配电箱与开关箱进线和出线混乱,每处扣3分 配电箱与开关箱内未绘制系统接线图和分路标记,每处扣3分 配电箱与开关箱未设门锁、未采取防雨措施,每处扣3分 配电箱与开关箱安装位置不当、周围杂物多等不便操作,每处扣3分 分配电箱与开关箱的距离、开关箱与用电设备的距离不符合相关规范要求,每处扣3分	20		
		小计		60		
5	一般项目	配电室与配电装置	配电室建筑耐火等级低于3级,扣15分 配电室未配备合格的消防器材,扣3~5分 配电室、配电装置布设不符合相关规范要求,扣5~10分 配电装置中的仪表、电器元件设置不符合相关规范要求或损坏、失效,扣5~10分 备用发电机组未与外电线路进行连锁,扣15分 配电室未采取防雨雪和防小动物侵入的措施,扣10分 配电室未设警示标志、工地供电平面图和系统图,扣3~5分	15		
6		现场照明	照明用电与动力用电混用,每处扣3分 特殊场所未使用36 V及以下安全电压,扣15分 手持照明灯未使用36 V以下电源供电,扣10分 照明变压器未使用双绕组安全隔离变压器,扣15分 灯具金属外壳未接保护零线,每处扣3分 灯具与地面、易燃物之间小于安全距离,每处扣3分 照明线路和安全电压线路的架设不符合相关规范要求,扣10分 施工现场未按相关规范要求配备应急照明,每处扣2分	15		

续附表 5-3

序号	检查项目		扣分标准	应得分数	扣减分数	实得分数
7	一般项目	用电档案	总包单位与分包单位未订立临时用电管理协议,扣10分 未制定专项用电施工组织设计或设计缺乏针对性,扣5~10分 专项用电施工组织设计未履行审批程序,实施后未组织验收,扣5~10分 接地电阻、绝缘电阻和漏电保护器检测记录未填写或填写不真实,扣3分 安全技术交底、设备设施验收记录未填写或填写不真实,扣3分 定期巡视检查、隐患整改记录未填写或填写不真实,扣3分 档案资料不齐全、未设专人管理,扣5分	10		
		小计		40		
检查项目合计				100		

附表 5-4　围堰施工安全检查评分表

<table>
<tr><th>序号</th><th colspan="2">检查项目</th><th>扣分标准</th><th>应得分数</th><th>扣减分数</th><th>实得分数</th></tr>
<tr><td>1</td><td rowspan="4">保证项目</td><td>专项方案</td><td>无施工专项方案,扣 20 分
专项方案不齐全、无针对性,扣 3 ~5 分
审批程序不符合规定要求,扣 3 ~5 分
未按照审核和评审意见进行修正的,缺一项扣 5 分</td><td>20</td><td></td><td></td></tr>
<tr><td>2</td><td>安全交底</td><td>无施工安全交底,扣 10 分
无工艺或工种分项安全交底,缺一项扣 5 分
交底双方未签字,缺一项扣 2 分</td><td>20</td><td></td><td></td></tr>
<tr><td>3</td><td>图纸</td><td>无施工详图的,扣 20 分
不按图施工的,扣 20 分</td><td>20</td><td></td><td></td></tr>
<tr><td></td><td>小计</td><td></td><td>60</td><td></td><td></td></tr>
<tr><td>4</td><td rowspan="5">一般项目</td><td>桩机</td><td>无桩机验收,扣 10 分
现场桩架有缺陷,扣 3 ~5 分</td><td>10</td><td></td><td></td></tr>
<tr><td>5</td><td>围堰安全</td><td>围堰局部变形或渗水,扣 3 ~5 分</td><td>10</td><td></td><td></td></tr>
<tr><td>6</td><td>现场安全</td><td>现场吊装、施工机具、施工用电有缺陷,一项扣 3 ~5 分
现场无登高设施、无过道板、无临边防护,一项扣 5 分
施工人员个体劳动防护用品佩戴不齐全,每人扣 2 分</td><td>10</td><td></td><td></td></tr>
<tr><td>7</td><td>预案与标志</td><td>无应急预案,扣 10 分;不齐全或缺少针对性,扣 3 ~5 分
施工现场缺少安全警示标志,扣 3 ~5 分</td><td>10</td><td></td><td></td></tr>
<tr><td></td><td>小计</td><td></td><td>40</td><td></td><td></td></tr>
<tr><td colspan="3">检查项目合计</td><td></td><td>100</td><td></td><td></td></tr>
</table>

附表 5-5　基坑工程检查评分表

序号	检查项目		扣分标准	应得分数	扣减分数	实得分数
1	保证项目	施工方案	未编制专项施工方案,扣 10 分 专项施工方案未按规定审核、审批,扣 10 分 超过一定规模的基坑工程专项施工方案未按规定组织专家论证,扣 10 分 基坑周边环境或施工条件发生变化,专项施工方案未重新编制、审核、审批,扣 10 分	10		
2		基坑支护	人工开挖的狭窄基槽,开挖深度较大或存在边坡塌方危险未采取支护措施,扣 10 分 坡比不符合专项施工方案和相关规范要求,扣 10 分 基坑支护结构不符合设计要求,扣 10 分 支护结构水平位移达到设计报警值未采取有效控制措施,扣 10 分	10		
3		基坑开挖	支护结构未达到设计要求提前开挖下层土方,扣 10 分 未按设计和施工方案的要求分层、分段开挖或开挖不均衡,扣 10 分 开挖过程中未采取防止碰撞支护结构或工程桩的有效措施,扣 10 分 机械在软土场地作业,未采取铺设渣土、砂石等硬化措施,扣 10 分	10		
4		坑边荷载	坑边堆土、料具等荷载超过基坑支护设计允许要求,扣 10 分 施工机械与基坑边沿的安全距离不符合设计要求,扣 10 分	10		
5		脚手板与防护栏杆	脚手板未满铺或铺设不牢、不稳,扣 5 ~ 10 分 脚手板规格或材质不符合相关规范要求,扣 5 ~ 10 分 每有一处探头板,扣 2 分 架体外侧未设置密目式安全网封闭或网间连接不严,扣 5 ~ 10 分 作业层防护栏杆不符合相关规范要求,扣 5 分 作业层未设置高度不小于 200 mm 的挡脚板,扣 3 分	10		
6		安全防护	开挖深度 2 m 及以上的基坑周边未按相关规范要求设置防护栏杆或防护栏杆设置不符合相关规范要求,扣 5 ~ 10 分 基坑内未设置供施工人员上下的专用梯道或梯道设置不符合相关规范要求,扣 5 ~ 10 分 降水井口未设置防护盖板或围栏,扣 10 分	10		
		小计		60		

续附表 5-5

序号	检查项目		扣分标准	应得分数	扣减分数	实得分数
7	一般项目	基坑监测	未按要求进行基坑工程监测,扣 10 分 基坑监测项目不符合设计的相关规范要求,扣 5 ~ 10 分 监测的时间间隔不符合监测方案要求或监测结果变化较大未加密观测次数,扣 5 ~ 8 分 未按设计要求提交监测报告或监测报告内容不完整,扣 5 ~ 8 分	10		
8		支撑拆除	基坑支撑结构的拆除方式、拆除顺序不符合相关规范要求,扣 10 分 机械拆除作业时,未按规定设置防护设施,扣 8 分 采用非常规拆除方式不符合国家现行相关规范要求,扣 10 分	10		
9		作业环境	基坑内土方机械、施工人员的安全距离不符合相关规范要求,扣 10 分 上下垂直作业未采取防护措施,扣 5 分 在各种管线范围内挖土作业未设专人监护,扣 5 分 作业区光线不良,扣 5 分	10		
10		应急预案	未按要求编制基坑工程应急预案或应急预案内容不完整,扣 5 ~ 10 分 应急组织机构不健全或应急物资、材料、工具机具储备不符合应急预案要求,扣 2 ~ 6 分	10		
		小计		40		
检查项目合计				100		

附表 5-6　隧洞施工安全检查表

序号	检查项目	扣分标准	应得分数	扣减分数	实得分数
1	现场管理	无隧洞专项施工方案及安全专项方案或方案不符合要求，无临时安全用电方案，扣 20 分 无隧洞施工安全技术措施及各岗位安全操作规程，或未在进洞口处显著位置，扣 5 分 进出洞人员未实行挂、揭牌管理，无进出洞人员姓名、时间登记，扣 5 分 现场无专职安全管理人员进行现场安全监管，扣 5 分 未按相关规范设置坡顶截水沟、地面排水沟；截、排水沟未通畅，扣 10 分 洞口、洞身、开挖掌子面未设置安全警示标志、标牌，扣 5 分 施工作业人员未按规定正确佩戴个人安全防护用品、用具，每人扣 2 分	20		
2	渣场管理	洞内除渣未倒在指定位置，扣 5 分 渣场未设倒车坎并有专人现场指挥，扣 10 分 渣场未进行封闭并设有安全标识、标牌，扣 5 分	10		
3	教育管理	爆破工、电工、焊工等特种作业人员未持证上岗，每人次扣 2 分 未开展隧洞施工作业人员安全教育培训；未进行安全技术交底，扣 10 分	10		
4	应急救援	未制订事故救援应急预案并进行演练，未建立应急救援队伍或未配备应急救援装备，扣 10 分 未配备有效的有毒有害气体浓度检测仪，未定期定时检测并形成记录，扣 5 分	10		
5	安全管理	洞口削坡未满足设计要求，悬石、浮石未清理，扣 20 分 未设置通风设施并有效使用，扣 20 分 洞内风、水、电路设置不符合要求，扣 10 分 洞内未使用安全电压(36 V)，电缆无破皮、裸露、老化等现象，扣 10 分 洞内清除浮石、悬石时，无安全措施，无专人监护，扣 10 分	20		

续附表 5-6

序号	检查项目	扣分标准	应得分数	扣减分数	实得分数
6	爆破作业	爆破作业单位无相关资质,未办理相关手续,扣 20 分 民爆物品未按规定执行运输、领用、退库手续;未对当日使用量进行登记,扣 10 分 民爆物品搬运,一人同时携带雷管和炸药;未用专用背包(木箱)运送;乱丢乱放,扣 5 分 手推车运送爆破器材,载重量超过规定的 300 kg,扣 5 分 未采取防滑、防摩擦和防止火花等安全措施,扣 5 分 未设置警戒线和警戒标志,其他人员进入,扣 10 分 每次放炮后,未按规定进行全方位检查,扣 10 分	20		
7	安全检查记录	未对隧洞开挖情况适时实施安全监测并形成记录,扣 10 分 未对整个施工现场进行安全检查,扣 10 分 发现隐患未采取措施及时排除,扣 5 分	10		
检查项目合计			100		

附表 5-7　管道施工安全检查评分表

序号	检查项目		扣分标准	应得分数	扣减分数	实得分数
1	保证项目	施工方案	无施工方案,扣 20 分;方案不全或针对性不强,扣 3～5分;未经审批,扣 5 分 开挖深度大于或等于 5 m 未经专家评审,扣 10 分;评审意见未落实,扣 3～5 分	20		
2		交底与验收	施工作业人员未进行安全交底,扣 10 分;不全面或无针对性,扣 3～5 分 各类现场安全防护及施工机械设备未进行验收,扣 10 分;验收手续不齐全,扣 3～5 分	10		
3		现场交通	封闭交通未经有关部门批准,扣 10 分;擅自扩大占路范围,扣 3～5 分 施工区域未实施分隔,扣5 分;未连续分隔,扣2～3 分 未按要求设置交通标志与警示灯,扣 3～5 分;路头无专职交通安全管理人员,扣 3 分	10		
4		特种作业	各类特种作业人员未持证上岗,扣 10 分 未建立特种作业人员管理台账,扣 10 分;台账不齐全或查实有假冒证件的,扣 5～10 分	10		
5		沟槽开挖	开挖沟槽深度大于或等于 1.5 m 未支撑,扣 10 分;未按规定要求进行支撑或支撑有缺陷,扣 3～5 分 沟槽边堆土高度大于或等于 1.5 m,扣 10 分;距槽边堆土小于 0.8 m,扣 3～5 分	10		
		小计		60		
6	一般项目	现场安全	未对沟、塘、坑周边进行安全围护,一处扣 5 分;不符合规定要求,扣 2～3 分 无跨越沟槽人行道板,扣 5 分;宽度不足 0.6 m,扣 2～3 分;上下沟槽未设凳梯,扣 3 分 作业人员劳动防护用品不齐全,每人扣 2 分 回土沟槽内掺有大石块,扣 3 分	10		
7		机械与防火	吊机、挖机作业时无专人指挥,一次扣 5 分 吊机、挖机作业半径内有人,每人次扣 3 分 吊机、挖机作业停放位置不牢固、不安全,扣 3～5 分 吊机、挖机在架空线下作业无安全措施,扣 5 分 现场动用明火无证、无监护,每项扣 5 分	10		
8		管线保护	未按规定办理管线监护交底卡进行施工,扣 5 分 现场无保护措施,扣 5 分;措施有缺陷,扣 2～3 分	10		
9		试压安全	试压时支撑不符合施工设计要求,扣 5 分 试压点无围护安全措施,扣5 分;措施不全,扣2～3 分 泵验区域无专人巡视安全,扣 3 分 试压时违反操作规定(未用双表、擅自增压),一项扣 3 分	10		
		小计		40		
检查项目合计				100		

附表 5-8　扣件式钢管脚手架检查评分表

序号	检查项目		扣分标准	应得分数	扣减分数	实得分数
1	保证项目	施工方案	架体搭设未编制专项施工方案或未按规定审核、审批,扣 10 分 架体结构未进行设计计算,扣 10 分 架体架设超过相关规范允许高度的,其专项施工方案未按规定组织专项论证,扣 10 分	10		
2		立杆基础	立杆基础不平、不实,不符合专项施工方案要求,扣 5 ~ 10 分 立杆底部缺少底座、垫板或垫板的规格不符合相关规范要求,每处扣 2 ~ 5 分 未按相关规范要求设置纵、横向扫地杆,扣 5 ~ 10 分 未采取排水措施,扣 8 分	10		
3		架体与建筑结构拉结	架体与建筑结构拉结方式或间距不符合相关规范要求,每处扣 2 分 架体底层第一步纵向水平杆处未按规定设置连墙件或未采取其他可靠措施固定,每处扣 2 分 搭设高度超过 24 m 的双排脚手架,未采用刚性连墙件与建筑结构可靠连接,扣 10 分	10		
4		杆件间距与剪刀撑	立杆、纵向水平杆、横向水平杆间距超过设计或相关规范要求,每处扣 2 分 未按规定设置纵向剪刀撑或横向斜撑,每处扣 5 分 剪刀撑未沿脚手架高度连续设置或角度不符合相关规范要求,扣 5 分 剪刀撑斜杆的接长或剪刀撑斜杆与架体杆件固定不符合相关规范要求,每处扣 2 分	10		
5		脚手板与防护栏杆	脚手板未满铺或铺设不牢、不稳,扣 5 ~ 10 分 脚手板规格或材质不符合相关规范要求,扣 5 ~ 10 分 每有一处探头板,扣 2 分; 架体外侧未设置密目式安全网封闭或网间连接不严,扣 5 ~ 10 分 作业层防护栏杆不符合相关规范要求,扣 5 分 作业层未设置高度不小于 200 mm 的挡脚板,扣 3 分	10		
6		交底与验收	架体搭设前未进行交底或交底未有文字记录,扣 5 ~ 10分 架体分段搭设、分段使用未进行分段验收,扣 5 分 架体搭设完毕未办理验收手续,扣 10 分 验收内容未进行量化,或未经责任人签字确认,扣 5 分	10		
		小计		60		

续附表 5-8

序号	检查项目		扣分标准	应得分数	扣减分数	实得分数
7	一般项目	横向水平杆设置	未在立杆与纵向水平杆交点处设置横向水平杆，每处扣 2 分 未按脚手板铺设的需要增加设置横向水平杆，每处扣 2 分 双排脚手架横向水平杆只固定一端，每处扣 2 分 单排脚手架横向水平杆插入墙内小于 180 mm，每处扣 2 分	10		
8		杆件连接	纵向水平杆搭接长度小于 1 m 或固定不符合要求，每处扣 2 分 立杆除顶层顶部外采用搭接，每处扣 4 分 扣件紧固力矩小于 40 N · m 或大于 65 N · m，每处扣 2 分	10		
9		层间防护	作业层脚手板下未采用安全平网兜底或作业层以下每隔 10 m 未采用安全平网封闭，扣 5 分 作业层与建筑物之间未按规定进行封闭，扣 3 分	10		
10		构配件材质	钢管直径、壁厚、材质不符合要求，扣 5 分 钢管弯曲、变形、锈蚀严重，扣 5 分 扣件未进行复试或技术性能不符合标准，扣 3 分	5		
11		通道	未设置人员上下专用通道，扣 5 分 通道设置不符合要求，扣 2 分	5		
		小计		40		
检查项目合计				100		

附表 5-9　防汛防台专项检查评分表

序号	检查项目		扣分标准	应得分数	扣减分数	实得分数
1	保证项目	专项方案	未制订防汛防台专项方案,扣 20 分 方案不齐全,无针对性,扣 3 ~5 分 报审手续不全,扣 3 ~5 分	20		
2		应急预案	未制订防汛防台应急预案,扣 20 分 预案不齐全,无针对性,扣 3 ~5 分 报批、报审手续不全,扣 3 ~5 分	20		
3		管理责任	未制定防汛防台专项管理责任制,扣 10 分 未明确防汛防台专职人员,扣 5 分 未建立防汛防台专项检查台账,扣 5 分;台账不齐全,扣 2 ~3 分	10		
4		应急队伍	未建立应急抢险队伍,扣 10 分 无应急抢险队伍名册,扣 3 ~5 分 人员不到位,扣 2 ~3 分	10		
		小计		60		
5	一般项目	应急物资	未设应急物资库房,扣 10 分 库房内物资配备不全,扣 3 ~5 分 库房无专管人员,扣 2 ~3 分 物资无使用清单,扣 2 ~3 分	10		
6		现场设施	未按规定对现场活动房、基坑、用电安全、边坡、脚手架、吊装设备进行防护等处置的,每处扣 3 分;处置不当,扣 3 ~5 分 无专项检查记录,扣 3 ~5 分	10		
7		排水措施	无排水设施,扣 10 分 排水设施不齐全,扣 3 ~5 分	10		
8		应急处置	沿海沿河区域未按规定设定撤离点,扣 10 分 未建立 24 小时应急值班制度,扣 3 ~5 分;无值班书面记录,扣 2 ~3 分	10		
		小计		40		
检查项目合计				100		

附表 5-10　水上作业安全检查评分表

序号	检查项目		扣分标准	应得分数	扣减分数	实得分数
1	保证项目	专项方案	无专项施工方案,扣 20 分 专项方案内容不齐全或针对性不强,扣 3 ~ 5 分 审批程序有缺陷,扣 2 ~ 3 分	20		
2		施工交底	无施工安全总交底,扣 20 分 无每个工艺或工种安全交底,缺一项扣 2 分 交底双方未履行签字,缺一项扣 2 分	20		
3		船舶安全	船舶无适航证,扣 10 分,年检过期,扣 5 分 租赁船舶无合同、无安全协议,缺一项扣 5 分 船舶安全设施缺少一项,扣 3 ~ 5 分	10		
4		特种作业	特种作业人员无证,缺一人扣 5 分 所持特种作业人员证书过期或假证,一名扣 5 分	10		
		小计		60		
5	一般项目	清淤安全	清淤作业船舶超载,扣 5 ~ 10 分 疏浚清淤作业大面积污染水面,扣 3 ~ 5 分 疏浚清淤作业船舶停靠不当,扣 3 ~ 5 分	10		
6		航道安全	航道上下游无施工安全标色牌,一处扣 5 分 岸标无安全防护措施或标色牌,一处扣 2 ~ 3 分	10		
7		个人防护	水上作业施工人员未穿救生衣,每人扣 5 分 未戴安全帽,每人扣 2 分 穿戴不符合要求,每人扣 1 分 其他防护不符合要求,每人扣 1 ~ 2 分	10		
8		其他安全	无民工上船记录,每人扣 5 分;记录不齐全,扣 2 ~ 3 分 船用跳板(走道板)不符合要求,扣 2 ~ 3 分 船用机电不符合要求,一项扣 3 ~ 5 分	10		
		小计		40		
检查项目合计				100		

附表 5-11　高处作业检查评分表

序号	检查项目	扣分标准	应得分数	扣减分数	实得分数
1	安全帽	施工现场人员未戴安全帽,每人扣 5 分 未按标准佩戴安全帽,每人扣 2 分 安全帽质量不符合现行国家相关标准的要求,扣 5 分	10		
2	安全网	在建工程脚手架架体外侧未采用密目式安全网封闭或网间连接不严,扣 2～10 分 安全网质量不符合现行国家相关标准的要求,扣 10 分	10		
3	安全带	高处作业人员未按规定系安全带,每人次扣 5 分 安全带系挂不符合要求,每人扣 5 分 安全带质量不符合现行国家相关标准的要求,扣 10 分	10		
4	临边防护	工作面边缘无临边防护,扣 2 分 临边防护设施的构造、强度不符合相关规范要求,扣 5 分 防护设施未形成定型化、工具式,扣 3 分	10		
5	洞口防护	在建工程的孔、洞未采取防护措施,每处扣 5 分 防护措施、设施不符合要求或不严密,每处扣 3 分 防护设施未形成定型化、工具式,扣 3 分 电梯井内未按每隔两层且不大于 10 m 设置安全平网,扣 5 分	10		
6	通道口防护	未搭设防护棚或防护不严、不牢固,扣 5～10 分 防护棚两侧未进行封闭,扣 4 分 防护棚宽度小于通道口宽度,扣 4 分 防护棚长度不符合要求,扣 4 分 建筑物高度超过 24 m,防护棚未采用双层防护,扣 4 分 防护棚的材质不符合相关规范要求,扣 5 分	10		
7	攀登作业	移动式梯子的梯脚底部垫高使用,扣 3 分 折梯未使用可靠拉撑装置,扣 5 分 梯子的材质或制作质量不符合相关规范要求,扣 10 分	10		
8	高处作业	高处作业未设置防护栏杆或其他可靠的安全设施,扣 5～10 分 高处作业所用的索具、吊具等未经验收,扣 5 分 高处作业人员未系挂安全带或佩戴工具袋,扣 2～10 分	10		

续附表 5-11

序号	检查项目	扣分标准	应得分数	扣减分数	实得分数
9	移动式操作平台	操作平台未按规定进行设计计算,扣 8 分 移动式操作平台、轮子与平台的连接不牢固可靠或立杆底端距离地面超过 80 mm,扣 5 分 操作平台的组装不符合设计或相关规范要求,扣 10 分 平台台面铺板不严,扣 5 分 操作平台四周未按规定设计防护栏杆或未设置登高扶梯,扣 10 分 操作平台的材质不符合相关规范要求,扣 10 分	10		
10	悬挑式物料钢平台	未编制专项施工方案或未经设计计算,扣 10 分 悬挑式钢平台的下部支撑系统或上部拉结点,未设置在建筑结构上,扣 10 分 斜拉杆或钢丝绳未按要求在平台两侧各设置两道,扣 10 分 钢平台未按要求设置固定的防护栏杆或挡脚板,扣 3 ~ 10 分 钢平台台面铺板不严或钢平台与建筑结构之间铺板不严,扣 5 分 未在平台明显处设置荷载限定标牌,扣 5 分	10		
检查项目合计			100		

附表 5-12 起重吊装检查评分表

序号	检查项目		扣分标准	应得分数	扣减分数	实得分数
1	保证项目	施工方案	未编制专项施工方案或专项施工方案未经审核,扣10分 超规模的起重吊装专项方案未按规定组织专家论证,扣10分	10		
2		起重机械	未安装荷载限制装置或不灵敏,扣20分 未安装行程限位装置或不灵敏,扣20分 起重拔杆组装不符合设计要求,扣10分 起重拔杆组装后未履行验收程序或验收表无责任人签字,扣5~10分	10		
3		钢丝绳与地锚	钢丝绳磨损、断丝、变形、锈蚀达到报废标准,扣10分 钢丝绳规格不符合起重机产品说明书要求,扣10分 吊钩、卷筒、滑轮磨损、裂纹达到报废标准,扣10分 吊钩、卷筒、滑轮未安装钢丝绳防脱装置,扣5分 起重拔杆的缆风绳、地锚设置不符合设计要求,扣8分	10		
4		索具	索具采用编结连接时,编结部分的长度不符合相关规范要求,扣10分 索具采用绳夹连接时,绳夹的规格、数量及绳夹间距不符合相关规范要求,扣5~10分 索具安全系数不符合相关规范要求,扣10分 吊索规格不匹配或机械性能不符合设计要求,扣5~10分	10		
5		作业环境	起重机作业处地面承载力不符合规定或未采用有效措施,扣10分 起重机与架空线路安全距离不符合相关规范要求,扣10分	10		
6		作业人员	起重吊装作业单位未取得相应资质或特种作业人员未持证上岗,扣10分 未设置专职信号指挥和司索人员,扣10分 未按规定进行技术交底或技术交底未留有记录,扣5分	10		
		小 计		60		

续附表 5-12

序号	检查项目		扣分标准	应得分数	扣减分数	实得分数
7	一般项目	起重吊装	多台起重机同时起吊一个构件时,单台起重机所承受的荷载不符合专项施工方案要求,扣10分 吊索系挂点不符合专项施工方案要求,扣5分 起重机作业时起重臂下有人停留或吊运重物从人的正上方通过,扣10分 起重机吊具载运人员,扣10分 吊运易散落物件时不使用吊笼,扣6分	10		
8		高处作业	未按规定设置高处作业平台,扣10分 高处作业平台设置不符合相关规范要求,扣10分 未按规定设置爬梯或爬梯的强度、构造不符合规定,扣8分 未按规定设置安全带悬挂点,扣10分	10		
9		构件码放	构件码放超过作业面承载能力,扣10分 构件堆放高度超过规定要求,扣4分 大型构件码放未采取稳定措施,扣8分	10		
10		警戒监护	未按规定设置作业警戒区,扣10分 警戒区未设专人监护,扣8分	10		
		小计		40		
检查项目合计				100		

附表 5-13 施工机具检查评分表

序号	检查项目	扣分标准	应得分数	扣减分数	实得分数
1	平刨	平刨安装后未履行验收手续,扣 3 分 未设置护手安全装置,扣 3 分 传动部位未设置防护罩,扣 3 分 未做保护接零、未设置漏电保护器,每处扣 3 分 未设置安全防护棚,扣 3 分 使用多功能木工机具,扣 10 分	12		
2	圆盘锯	电锯安装后未留有验收合格手续,扣 3 分 未设置锯盘护罩、分料器、防护挡板安全装置和传动部位未进行防护,每缺一项扣 3 分 未做保护接零、未设置漏电保护器,每处扣 3 分 未设置安全防护棚,扣 3 分 使用多功能木工机具,扣 10 分	10		
3	手持电动工具	Ⅰ类手持电动工具未采取保护接零或漏电保护器,扣 8 分 使用Ⅰ类手持电动工具不按规定穿戴绝缘用品,扣 4 分 使用手持电动工具随意接长电源线或更换插头,扣 4 分	10		
4	钢筋机械	机械安装后未留有验收合格手续,扣 5 分 未做保护接零、未设置漏电保护器,每处扣 5 分 钢筋加工区无防护棚,钢筋对焊作业区未采取防止火花飞溅措施,冷拉作业区未设置防护栏,每处扣 5 分 传动部位未设置防护罩或限位失灵,每处扣 3 分	10		
5	电焊机	电焊机安装后未留有验收合格手续,扣 5 分 未做保护接零、未设置漏电保护器,每处扣 10 分 未设置二次空载降压保护器或二次侧漏电保护器,每处扣 3 分 一次线长度超过规定或不穿管保护,扣 3 分 二次线长度超过规定或未采用防水橡皮护套铜芯软电缆,扣 10 分 二次线接头超过 3 处或绝缘层老化,每处扣 3 分 电焊机未设置防雨罩、接线柱未设置防护罩,每处扣 5 分	8		
6	搅拌机	搅拌机安装后未履行验收手续,扣 5 分 未做保护接零、未设置漏电保护器,每处扣 10 分 离合器、制动器、钢丝绳达不到要求,每项扣 5 分 上料斗未设置安全挂钩或不使用挂钩,扣 3 分 传动部位未设置防护罩,扣 4 分 未设置安全防护棚和作业台不安全,扣 4 分	10		

续附表 5-13

序号	检查项目	扣分标准	应得分数	扣减分数	实得分数
7	气瓶	氧气瓶未安装减压器,扣 8 分 乙炔瓶未安装回火防止器,扣 8 分 各种气瓶未标明标准色标,扣 2 分 气瓶间距小于 5 m、距明火小于 10 m 又未采取隔离措施,每处扣 2 分 乙炔瓶使用或存放时平放,扣 3 分 气瓶存放不符合要求,扣 3 分 气瓶未设置防振圈和防护帽,每处扣 2 分	8		
8	翻斗车	翻斗车制动装置不灵敏,扣 5 分 无证司机驾车,扣 5 分 行车载人或违章行车,扣 5 分	8		
9	潜水泵	未做保护接零、未设置漏电保护器,每处扣 3 分 漏电动作电流大于 15 mA、负荷线未使用专用防水橡皮电缆,每处扣 3 分	6		
10	振捣器具	未做保护接零或未设置漏电保护器,扣 8 分 未使用移动式配电箱,扣 4 分 电缆长度超过 30 m,扣 4 分 操作人员未穿戴好绝缘防护用品,扣 4 分	8		
11	桩工机械	机械安装后未履行验收程序,扣 10 分 作业前未编制专项施工方案或未按规定进行安全技术交底,扣 10 分 安全装置不齐全或不灵敏,扣 10 分 机械作业区域地面承载力不符合规定要求或未采取有效硬化措施,扣 12 分 机械与输电线路安全距离不符合相关规范要求,扣 12 分	12		
检查项目合计			100		

附表 5-14　施工现场安全监理检查评分表

序号	检查项目		扣分标准	应得分数	扣减分数	实得分数
1	保证项目	组织机构	监理项目部无管理网络机构,扣 10 分;无总监理工程师或总监理工程师代表任命书或委托书,各扣 5 分;监理人员和投标不一致,缺一人扣 2 分	10		
2		资格与持证	越级承包工程监理,扣 10 分;各监理人员资格越级,一人扣 5 分;监理人员未持证上岗,一人扣 5 分;监理人员无变更手续,一人扣 5 分	10		
3		管理与责任	现场监理部无安全质量管理制度,扣 10 分;各监理人员无责任制,缺一人扣 5 分;未建立岗位职责,扣 5 分;未建立监理工作程序,扣 5 分;有缺陷,扣 2 ~ 3 分	10		
4		规划与细则	未编制规划和细则,扣 10 分;规划和明细未经单位技术负责人审核,扣 5 分,内容不全面,针对性不强,扣 3 ~ 5 分	10		
5		审核与报验	各类施工资质、方案、专项方案无审核意见手续,一项扣 5 分; 各项报验无审核意见手续,一项扣 5 分; 程序和及时性不符合规定,一项扣 2 分	10		
6		技术与管理	未建立相关工程技术(质量安全)监理相应标准和制度,扣 10 分; 工程未按相关要求进行分部单元划分、验收,缺一项扣 5 分;手续不齐全,扣 2 ~ 3 分 关键和危险性较大部分未进行旁站和监控,缺一项扣 5 分,记录不全,一项扣 2 分	10		
		小计		60		
7	一般项目	设计与交底	设计与交底缺一项扣 5 分;手续不全,扣 2 ~ 3 分	10		
8		见证与取样	各类材料进场未按规定进行取样验证,缺一项扣 5 分;手续不全,扣 2 ~ 3 分;未对标准养护室定期检查,扣 2 分	10		
9		检查与整改	未对隐蔽工程部位、危险性较大部位进行检查,一项扣 5 分; 无定期对安全、文明施工进行检查,扣 5 分;检查无记录,扣 2 ~ 3 分; 对查出的隐患未出具整改通知单,扣 3 ~ 5 分;无销项记录,扣 2 ~ 3 分	10		
10		记录与报表	无监理日记和旁站记录、巡视记录,缺一项扣 5 分;记录不齐全,扣 2 ~ 3 分; 无监理月报、事故速报,缺一项扣 5 分;不及时,缺一项扣 2 分	10		
		小计		40		
检查项目总计				100		

附录6 水利工程安全文明施工管理探索

——以福建省平潭及闽江口水资源配置(一闸三线)工程(福州段)为例

黄智刚

关键词:水利工程项目法人　安全文明施工　设施标准化　工程管理

一、项目简介

福建省平潭及闽江口水资源配置(一闸三线)工程是国家172项节水供水重大水利工程之一,其中福州段线路全长约169 km,沿线涉及藤山自然保护区、十八重溪和石竹山2个风景名胜区、旗山和灵石山2个国家森林公园、乌龙山和塔礁洲2个湿地公园以及14个集中式地表水饮用水源保护区;沿线共设27个施工支洞。截至2017年底,下穿向莆铁路段隧洞应急工程、永泰官烈勘探试验段隧洞工程、长乐大华岭勘探试验段隧洞工程、福清高山段应急管道工程已开工建设,主体工程6个施工标段建设将于2018年全面铺开。

项目法人福州水务平潭引水开发有限公司围绕创精品、优质"双一流"工程目标,从抓文明施工着手,构建标准化文明施工、争创主体工程文明工地,打造生态文明工程,组织编制了《福建省平潭及闽江口水资源配置(一闸三线)工程现场安全文明设施标准化手册》,用于指导和监督各参建单位的现场安全文明设施规范化、标准化工作。工程开工前,就标准化手册内容组织学习宣贯,并且与施工单位、监理单位签订"文明工地创建责任状"。手册编制过程中,通过与施工单位、监理单位、专业咨询单位、行业专家沟通交流,结合先期实施工程安全文明管理实践,总结出项目法人安全文明设施标准化工作的几点体会。

二、安全文明施工管理思路

(一)注重前期规划

1. 理念引导

"绿水青山就是金山银山"的生态文明理念与水利工程安全文明施工涉及的水土保持、水环境保护等内容密切相关。项目法人作为水利工程的建设管理单位,引导各参建单位树立"安全、文明、绿色"施工的理念,是实现工程安全建设、打造企业品牌、树立良好社会形象的基础工作。

(1)安全施工。"安全第一、预防为主、综合治理"是我国安全生产工作的方针。安全不仅包括施工现场的人员和财产安全,还要考虑到水利工程防洪、导流等特殊工况环境发生突发事件可能影响范围内的人群和财产安全。

(2)文明施工。文明施工是使施工现场具有规范的场容和良好的施工秩序的行为,与安全施工相辅相成,文明施工针对水利工程野外施工的内容以及涉水施工的特点,除常规文明施工的要求外,还应关注施工过程中的水土保持、水环境保护、水生态保护等水利工程特有内容,而不应作为单纯的"面子工程"应对监督检查。

(3)绿色施工。文明施工是绿色施工的重要内容。绿色施工除文明施工、封闭施工、减少噪声扰民、减少环境污染、清洁运输等外,还包括减少场地干扰、尊重基地环境,节约水、电、材料等资源(能源),选用环保健康的施工工艺,减少填埋废弃物的数量等。(一闸三线)福州段工程线路以隧洞方式穿越沿线自然保护区、风景名胜区、国家森林公园、湿地公园、集中式地表水饮用水源保护区等,更需要贯彻绿色施工的理念来指导现场的安全文明生产活动。在满足施工条件的情况下,应最大限度地节约资源,尽量减少对地表和周边环境的扰动,减少土壤资源及植被破坏。

2. 规划先行

安全文明管理是贯穿安全生产全过程的一项基础性管理工作。水利施工现场多位于较偏僻地区,又存在汛期、冬季、雨季等特殊季节性施工特点,施工现场常因保节点、抢工期淡化了安全文明施工的管理要求。为提升现场参建各方安全文明管理水平,必须在工程开工前,依据设计及现场实际情况做出总体规划,进场后结合现场情况进行分项细化布置。

项目法人作为整个工程的安全责任主体,应制订现场安全文明施工管理的总体规划,规划一套可量化、可复制、可推广、可持续的设施标准化方案,通过规划方案引导参建单位按照"设施标准、环境整洁、行为规范、施工有序、安全文明"的管理路径,实现创建安全文明施工一流现场,树立安全文明施工品牌形象工程的管理目标。

《福建省平潭及闽江口水资源配置(一闸三线)工程现场安全文明设施标准化手册》的编制思路:以法律、法规、技术标准等对安全文明的要求为蓝本;结合工程施工工艺和现场特点,以"一闸三线"logo的蓝色元素为主色调;以通用化设施标准、场景化运用标准、组件式安全设施的组合运用为主线;兼顾强制性、规范性和个性化的使用要求。内容涵盖预防性安全设施、控制性设施、减少与消除事故影响设施等为保障生命财产安全必须设置的安全设施配置要求;场容场貌、现场围挡、材料堆放、各种图牌、临时环保水保设施等涉及现场文明施工的设施标准化、规范化要求;现场办公、生活设施及临时用电设施、临时给排水设施、临时加工场、临时防护棚等生产、生活必须的临建设施配置要求;大型宣传牌、"五牌两图"、文明施工宣传牌,各类禁止、警告、指令、消防、交通标识标志等安全文明施工标识标志类设施配置要求。

(二)强化二次策划

施工单位在进场后仍需根据施工现场条件,在项目法人安全文明规划方案的基础上,实施所承担项目内容的安全文明施工二次策划。二次策划时,对于涉及安全施工的设施配置要求,如供电线路布置、排架搭设、爆破作业程序等需要严格遵守,但在新材料、新技术、新工艺出现后需根据实际情况进行调整;涉及偏重形象美感、环境保护的要求,如统一的宣传牌尺寸、字体、颜色等,需要结合现场空间、周边环境等情况应做相应调整,以达到与环境、空间协调。二次策划时除了应满足安全文明施工要求,还要考虑施工和生活的便利。

(三)关注持续提升

安全文明设施标准化建设是一个持续改进的过程。在现场安全文明管理过程中,一方面需要不断地发现管理过程中存在的问题和漏洞,找出与先进管理水平的差距,不断学习改进和优化提升,真正将管理标准落实到具体现场;另一方面要积极引导采用安全可靠、质优价廉的安全文明设施产品,从物质层面提升施工安全保障能力。

三、结语

项目法人作为水利工程安全责任主体,加强对参建各方的安全管理监督是安全管理工作的重要内容,引入规范化、标准化、系统化管理手段是提升安全管理水平的重要途径。通过对现场安全文明设施配置标准化、场所管理标准化、施工工序标准化等规范化管理手段,营造"事事有标准,人人讲标准,处处达标准"的标准化管理氛围,引导各参建单位实现从"要我安全、要我文明"到"我要安全、我要文明"的自觉转变。

参考文献

[1] 张冰.解析文明施工深层含义[J]. 硅谷, 2010(4):198.
[2] 王宝申, 杨健康, 朱晓锋. 绿色施工中存在的问题及对策[J]. 施工技术, 2009(6):101-104.